全国"星火计划"丛书

蔬菜地膜覆盖栽培技术

（第四版）

朱志方　编著

金盾出版社

内 容 提 要

本书由北京市农业技术推广站蔬菜专家朱志方编著。本书自1985年出版以来,受到广大读者的欢迎,先后23次印刷,共60.8万册。内容包括:概述,蔬菜地膜覆盖栽培应用技术,地膜覆盖栽培蔬菜的田间管理,18种蔬菜地膜覆盖栽培技术要点,地膜覆盖机械的应用等。本书适合广大菜农、农业院校有关专业师生及园艺科技工作者阅读参考。

图书在版编目(CIP)数据

蔬菜地膜覆盖栽培技术/朱志方编著. --4版. --北京:金盾出版社,2012.7
ISBN 978-7-5082-7238-2

Ⅰ.①蔬… Ⅱ.①朱… Ⅲ.①蔬菜园艺—地膜栽培 Ⅳ.①S626.4

中国版本图书馆CIP数据核字(2011)第202873号

金盾出版社出版、总发行

北京太平路5号(地铁万寿路站往南)
邮政编码:100036 电话:68214039 83219215
传真:68276683 www.jdcbs.cn
封面印刷:北京印刷一厂
正文印刷:北京燕华印刷厂
装订:北京燕华印刷厂
各地新华书店经销

开本:850×1168 1/32 印张:4.625 字数:79千字
2012年7月第4版第24次印刷
印数:608001~616000册 定价:10.00元

(凡购买金盾出版社的图书,如有缺页、倒页、脱页者,本社发行部负责调换)

目 录

第一章 概述 …………………………………… (1)
  一、蔬菜地膜覆盖栽培的意义 ………………… (2)
  二、农用塑料薄膜的种类和使用效果 ………… (5)
第二章 蔬菜地膜覆盖栽培应用技术 ………… (10)
  一、小高畦地膜覆盖栽培 ……………………… (11)
    (一)播种或定植前的准备工作 ……………… (13)
    (二)做小高畦与播种、定植 ………………… (17)
    (三)选择适宜的播种、定植时期 …………… (26)
    (四)抓好追肥工作 …………………………… (28)
    (五)防止趴架和倒伏 ………………………… (31)
    (六)保证盖膜质量 …………………………… (32)
    (七)安排"一膜多用",降低生产成本 ……… (33)
    (八)注意田间残膜的清除 …………………… (33)
  二、沟畦栽种地膜覆盖栽培 …………………… (34)
    (一)栽种前的准备 …………………………… (37)
    (二)各种沟畦栽种地膜覆盖栽培方式的
        应用 ……………………………………… (38)
  三、小高畦矮拱棚地膜覆盖栽培 ……………… (50)

(一)地膜先盖天、后盖地的方法 …………… (50)
　　(二)同时覆盖地膜和天膜的方法 ……………… (51)
　　(三)需要注意抓好的几个问题 ………………… (52)
　四、平畦近地面地膜覆盖栽培 …………………… (55)
　　(一)春季蔬菜平畦近地面地膜覆盖栽培 ……… (56)
　　(二)越冬根茬蔬菜平畦近地面地膜覆盖栽培
　　　　………………………………………………… (58)
　五、平畦地膜覆盖栽培 …………………………… (61)

第三章　地膜覆盖栽培蔬菜的田间管理 ………… (65)
　一、及时扦插支架 ………………………………… (65)
　二、抓好放风炼苗 ………………………………… (66)
　三、防止生育中、后期出现早衰 ………………… (67)
　　(一)一次性施足优质有机肥 …………………… (67)
　　(二)追肥的施用 ………………………………… (68)
　　(三)配套塑料软管灌水技术 …………………… (68)
　四、防止作物倒伏 ………………………………… (73)
　　(一)支架要牢固 ………………………………… (73)
　　(二)茄果类蔬菜防倒伏方法 …………………… (73)
　五、及时防治病虫害 ……………………………… (74)
　六、坚持地膜一盖到底 …………………………… (75)

第四章　18种蔬菜地膜覆盖栽培技术要点 ……… (78)
　一、番茄地膜覆盖栽培技术 ……………………… (78)
　　(一)品种选择 …………………………………… (78)
　　(二)选用适龄壮苗 ……………………………… (79)
　　(三)整枝打杈 …………………………………… (80)

(四)用植物生长调节剂蘸(喷)花保果 ……… (81)
　　(五)水分管理 ……………………………… (82)
　　(六)沟畦栽种番茄的管理 …………………… (82)
二、黄瓜地膜覆盖栽培技术 ……………………… (83)
　　(一)品种选择 ………………………………… (84)
　　(二)育苗 ……………………………………… (84)
　　(三)定植 ……………………………………… (86)
　　(四)田间管理 ………………………………… (87)
　　(五)病虫害防治 ……………………………… (88)
　　(六)需要注意的问题 ………………………… (88)
三、青椒地膜覆盖栽培技术 ……………………… (89)
　　(一)品种选择 ………………………………… (89)
　　(二)育苗 ……………………………………… (90)
　　(三)本田准备与定植 ………………………… (90)
　　(四)田间管理 ………………………………… (91)
　　(五)病虫害防治 ……………………………… (92)
四、茄子地膜覆盖栽培技术 ……………………… (93)
　　(一)品种选择 ………………………………… (93)
　　(二)育苗 ……………………………………… (94)
　　(三)定植前的准备与定植 …………………… (95)
　　(四)田间管理 ………………………………… (95)
　　(五)病虫害防治 ……………………………… (96)
五、菜豆地膜覆盖栽培技术 ……………………… (97)
　　(一)种植方式及播种 ………………………… (97)
　　(二)田间管理 ………………………………… (98)

目 录

　　（三）病虫害防治 …………………………………（99）
六、西葫芦地膜覆盖栽培技术 ……………………………（99）
　　（一）品种选择 ……………………………………（100）
　　（二）育苗与定植 …………………………………（100）
　　（三）田间管理 ……………………………………（101）
　　（四）病虫害防治 …………………………………（101）
七、冬瓜地膜覆盖栽培技术 ………………………………（101）
　　（一）品种选择 ……………………………………（102）
　　（二）育苗 …………………………………………（102）
　　（三）定植 …………………………………………（103）
　　（四）田间管理 ……………………………………（104）
　　（五）病虫害防治 …………………………………（105）
八、结球甘蓝地膜覆盖栽培技术 …………………………（105）
　　（一）品种选择 ……………………………………（105）
　　（二）育苗 …………………………………………（105）
　　（三）定植 …………………………………………（106）
　　（四）田间管理 ……………………………………（107）
九、花椰菜地膜覆盖栽培技术 ……………………………（108）
　　（一）品种选择 ……………………………………（108）
　　（二）育苗 …………………………………………（109）
　　（三）定植 …………………………………………（109）
　　（四）田间管理 ……………………………………（109）
十、莴笋地膜覆盖栽培技术 ………………………………（110）
　　（一）品种选择 ……………………………………（110）
　　（二）育苗 …………………………………………（110）

  (三)定植 …………………………………………… (112)
  (四)田间管理 ……………………………………… (113)
 十一、油菜地膜覆盖栽培技术 ………………………… (113)
 十二、大白菜地膜覆盖栽培技术 ……………………… (114)
  (一)品种选择 ……………………………………… (115)
  (二)整地做畦 ……………………………………… (115)
  (三)播种 …………………………………………… (115)
  (四)田间管理 ……………………………………… (116)
 十三、水萝卜地膜覆盖栽培技术 ……………………… (117)
 十四、芹菜地膜覆盖栽培技术 ………………………… (118)
  (一)品种选择 ……………………………………… (118)
  (二)栽培方式 ……………………………………… (118)
  (三)育苗 …………………………………………… (119)
  (四)定植 …………………………………………… (121)
  (五)田间管理 ……………………………………… (121)
  (六)病虫害防治 …………………………………… (122)
 十五、菠菜地膜覆盖栽培技术 ………………………… (123)
 十六、葱头地膜覆盖栽培技术 ………………………… (124)
  (一)品种选择 ……………………………………… (124)
  (二)育苗 …………………………………………… (124)
  (三)定植 …………………………………………… (126)
  (四)田间管理 ……………………………………… (126)
  (五)病虫害防治 …………………………………… (127)
 十七、秋大蒜地膜覆盖栽培技术 ……………………… (127)
  (一)品种选择 ……………………………………… (128)

(二)整地施肥 …………………………………… (128)
　　(三)挑选蒜瓣 …………………………………… (128)
　　(四)播种 ………………………………………… (128)
　　(五)田间管理 …………………………………… (129)
　十八、韭菜地膜覆盖栽培技术 ……………………… (130)
　　(一)品种选择 …………………………………… (130)
　　(二)育苗 ………………………………………… (131)
　　(三)定植 ………………………………………… (131)
　　(四)田间管理 …………………………………… (132)
　　(五)养茬 ………………………………………… (133)
第五章　地膜覆盖机械的应用 ……………………… (134)
　一、2BF-1型地膜覆盖机 …………………………… (134)
　二、2BF-2型地膜覆盖机 …………………………… (135)
　三、KDF-1.1型地膜覆盖机 ………………………… (135)
　四、3BF-2.4型地膜覆盖机 ………………………… (136)
　五、3DE垄畦两用旋耕地膜覆盖机 ……………… (136)
　六、ZGM-2型畜力铺膜机 ………………………… (136)
　七、3DF-1.4型手动地膜覆盖机 …………………… (137)
　八、IWG4型旋耕机 ………………………………… (137)

第一章 概述

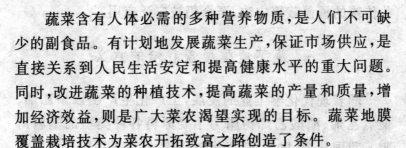

蔬菜含有人体必需的多种营养物质,是人们不可缺少的副食品。有计划地发展蔬菜生产,保证市场供应,是直接关系到人民生活安定和提高健康水平的重大问题。同时,改进蔬菜的种植技术,提高蔬菜的产量和质量,增加经济效益,则是广大菜农渴望实现的目标。蔬菜地膜覆盖栽培技术为菜农开拓致富之路创造了条件。

我国各地区的劳动人民,在利用自然、改造自然,让自然为人类服务的长期生产实践过程中,曾因地制宜、就地取材,采用各种材料作覆盖物,创造出多种形式的地面覆盖栽培方式,以达到增温、保水、免耕、防碱、避草、减病,促进栽培作物实现早熟、高产的目的。从古到今有很多种地面覆盖栽培方法一直沿用到现在,在生产实践中仍然发挥着良好的作用。如我国江南地区,春季多阴雨,夏季为烈日、高温、水分蒸发量大,土壤有机质含量比北方低,缓冲、保水性能较差。农民经常利用山草、稻草、稻壳、纸被等物作覆盖材料,对缺乏水源、浇水困难的山地、丘陵、坡岗、梯田和涝洼地,进行地面覆盖栽培大蒜、香菜、芋头、洋葱等蔬菜,都能获得良好的效果。华北、东北地区的农民,常选用过筛的细土、腐熟马粪、稻草、麦秸等材料作覆盖物,进行育苗和栽培越冬大蒜、菠菜、芹菜等多种蔬菜,以达到增温、保墒、培育壮苗,实现早熟、高产、提高经济效益的目的。西北地区气候干旱、少雨、蒸发量大,为保水、增温,不少菜农在农田里铺一层沙石,以减少土壤水分蒸发,促进各种蔬菜作物的正常生长发育。这些传统的覆盖栽培方法,至今仍被广泛应用。

一、蔬菜地膜覆盖栽培的意义

随着现代化学工业的发展,工厂化生产出以聚乙烯、聚氯乙烯、醋酸乙烯树脂为主要原料各种类型的塑料薄膜。我国从20世纪60年代初开始,逐渐采用塑料薄膜作覆盖材料,并不断改革、创新,发展出各种塑料薄膜覆盖栽培形式。如塑料薄膜小棚、中棚、温室、大棚等形式,逐渐得到广泛应用,进一步促进了我国种植业的发展,同时也促进了栽培技术的进步,提高了生产水平。但是,真正开始应用厚度0.015毫米左右和更薄的(0.005~0.008毫米)地膜,进行地面或近地面薄膜覆盖栽培,是1979年后才逐渐发展起来的。

40多年来,由于农业、轻工、化工、商业等有关部门的重视和协作,经广大农业科技人员以及农民群众的反复实践、总结,逐步完善了地膜覆盖栽培技术规范,使这项技术在我国各地区的不同种植业中取得了良好的效益,并形成了一种跨部门、多学科密切结合的实用新技术。

一、蔬菜地膜覆盖栽培的意义

这一实用新技术的广泛应用,使我国种植业在进一步充分利用太阳能及扩大种植地域、延长有效生产季节、提高生产水平、丰富物质产品、节省农业用水等方面都发挥出了巨大的作用。这对人多耕地少,以农业人口众多的我国是具有重要意义的一项栽培技术措施。

此项技术由日本引进。国内于1978年冬首先由湖南省长沙市塑料厂等单位研制出第一批无色透明的塑料地膜,厚度为0.014毫米左右,并于1979年春开始提供给全国各地试验。当年有14个省、市、自治区的48个单位,对春播露地和塑料大棚2个茬口的十几个种类的蔬菜进行可行性应用试验,初步取得早熟、增产、增收的良好效果。

以后几年的试验、示范、推广应用的事实说明,各种蔬菜采用地膜覆盖栽培与传统的常规露地栽培相比,可减少根系的裸露,促进蔬菜根系的生长发育,保持土壤疏松不易板结,同时也可提高植株本身的抗逆性,减少了病、虫、干旱和雨涝等危害。在地块、品种、栽培管理等条件相同的情况下,蔬菜地膜覆盖栽培比露地栽培,一般平均每667米^{2}增产30%左右(表1-1,表1-2),即产量高的蔬菜每667米^{2}增产1 000千克以上,产量低的蔬菜每667米^{2}亦能增产几百千克。特别是盖地膜后能使春菜地增温、保墒,加速蔬菜的生长发育,不同品种的始收期可提前5~20天,增产效果突出,如表1-2中所列的9种蔬菜,前期采收的每667米^{2}最低增产27.8%,最高增产227%,平均增产59.2%。据各地试验、示范调查,就是

第一章 概述

在高寒、干旱地区或雨涝季节,一般也增产 25% 左右。分期采收的茄果、瓜、豆类蔬菜,在春季盖地膜后由于早生、早发促早熟,产量高,因而增收效益非常明显。

表1-1 北京郊区地膜覆盖栽培各种春菜增产情况

蔬菜种类	地块数（块）	面积（公顷）	平均增产（千克/667米^2）
茄子	13	4.40	1055.5
番茄	18	8.23	1013.6
西葫芦	4	1.78	1002.5
大棚黄瓜	10	3.30	916.5
圆白菜(结球甘蓝)	7	3.29	716.0
春播黄瓜	10	1.55	715.5
甜椒	19	3.78	579.5
架豆	3	0.23	553.0
豇豆	8	0.92	523.5
花椰菜	6(队)	71.13	454.5
扁豆	8	0.52	324.0
合计或平均	106	99.13	714.0

注:表中数据为 1979~1981 年间调查统计。

表1-2 北京郊区地膜覆盖栽培各种春菜增产情况

(千克/667米^2)

蔬菜种类	采收前期			采收后期			总增产%
	盖膜	露地	增产%	盖膜	露地	增产%	
茄子	1705.5	1044.0	63.4	3357.0	3154.0	6.4	20.6
番茄	1391.0	995.0	39.8	3470.5	2988.0	16.1	22.1
西葫芦	2000.0	1117.0	79.1	2000.0	1668.5	19.9	43.6
大棚黄瓜	3620.0	2831.5	27.8	5630.0	5223.0	7.8	14.8
结球甘蓝	1334.0	408.0	227.0	749.0	902.5	−17.0	58.9

续表 1-2

蔬菜种类	采收前期			采收后期			总增产%
	盖膜	露地	增产%	盖膜	露地	增产%	
春播黄瓜	1838.0	1003.5	83.2	2198.5	2175.5	1.1	27.0
甜椒	1427.0	932.0	53.1	1265.0	1089.0	16.2	33.2
豇豆	1212.0	646.5	87.5	1640.0	1689.0	−2.9	22.1
扁豆	991.5	772.5	28.3	450.0	388.5	15.8	24.2
平均	1724.3	1083.3	59.2	2306.7	2142.0	7.7	25.0

注：表中数据为 1979~1981 年调查统计。

经过三十几年的应用和不断研究、发展、创新，蔬菜地膜覆盖栽培技术在全国各地的蔬菜生产中普遍应用，现已发展成为蔬菜栽培中的一项增产、增收、减病的常规栽培技术。覆盖方式由引进时单一的小高畦发展到沟畦覆盖（又称改良式）、短期近地面覆盖、平畦覆盖、跨畦覆盖、小对垄覆盖等多种方式。应用茬口也由开始时的以春、夏菜为主，发展到全年各茬口综合应用。适于地膜覆盖栽培的蔬菜种类及水、肥等管理技术，也正在向配套、规范化发展，并不断完善，整地、做畦、镇压、整形、盖膜、压膜等多种作业能一次完成的机具，也在不断完善和投入使用。

二、农用塑料薄膜的种类和使用效果

农用塑料薄膜简称农膜，一般习惯指 0.1 毫米以上厚度的，在大棚、小拱棚、温室等保护地上用的称农膜；地

第一章 概述

膜指 0.004～0.008 毫米厚度，用于地面及近地面覆盖的薄膜。农膜和地膜的种类也越来越多，开始时只有高压低密度聚乙烯薄膜，俗称高压地膜，厚度为 0.015 毫米左右，此种地膜每 667 米^2 的覆盖用量 8～10 千克，特点是纵向和横向拉伸强度比较均衡，较耐老化，可用一个生产季（3～4 个月）以上，甚至一膜多茬应用（时间可长达 1 年），是全国大量生产及推广应用的地膜，普遍应用于蔬菜、棉花及玉米等多种作物的地膜覆盖栽培，其中还有含耐老化母料 3%～5%的耐老化（长寿）地膜。1983 年北京助剂二厂等单位，试生产低压高密度聚乙烯薄膜，俗称低压膜，厚度 0.006～0.008 毫米。由于其强度大、厚度薄，每 667 米^2 的覆盖用量只需 4～5 千克，比高压地膜降低成本 40%～50%，虽然纵向、横向拉伸强度有差别，使用时易出现纵向裂口，透明度也不如高压地膜好，但使用效果两者相差无几。由于成本低，同样受到欢迎，也被广泛应用于各种作物的地膜覆盖栽培。近几年大量生产出线性型地膜，被称作第三代地膜。它是低压低密度聚乙烯树脂原料吹塑而成的，其拉伸强度、断裂伸长率、抗穿刺性等性能均优于前面 2 种地膜，在同样覆盖效果的前提下，厚度减少 30%～50%，虽然原料价格较贵，但使用寿命（周期）长，有利于节约用膜和开展一膜多用，相对成本也较低，因而发展速度快，已基本取代第一、第二代地膜。但是花生地膜覆盖栽培不能用此地膜，因耐穿刺能力强，花生果针难以穿透此膜，造成花生的果针不能进入

二、农用塑料薄膜的种类和使用效果

土壤中,无法形成果荚,反而会影响产量。其他作物上利用则大有发展前途。北京塑料四厂用高、低压聚乙烯原料按一定比例掺和后生产出共混线性型地膜,其机械性能远远超过纯高压或纯低压聚乙烯生产出的地膜,在使用效果相同的情况下,每 667 米^2 用量可减少 1/3,成本比线性型地膜低,也很受欢迎。以上 4 种类型的地膜都已在全国普及使用,各地可根据需要选用。

另外,在聚乙烯树脂原料中加入一定比例的各种有色母料,可制出各种不同颜色的有色地膜。各种有色膜对光谱的吸收及反射不同,因而对抑制杂草滋生、防病虫害、促进作物生长发育、调节地温变化等均有不同的作用。但有色母料价格昂贵,制作工艺相对复杂,此地膜的使用效益不是十分突出,加上成本较高,致使有色地膜的应用还不普遍,只是在某些特殊情况下或效益好的经济作物上应用。

银灰色地膜具有反射紫外线的功能,而且反光性能较强,能驱避蚜虫,使作物病毒病减轻,还能抑制杂草生长,保持土壤湿度,适用于春、夏季节的防病、抗热栽培,对黄瓜、番茄、甜椒、结球莴苣、烟草等作物,应用效果良好。为了降低使用成本,在大、中、小棚周围,温室、日光温室等设施的靠北墙部位悬挂银灰色地膜条(或称反光膜),或在番茄田间挂银灰色地膜条,也同样有驱避蚜虫的作用。另外,在普通透明地膜上隔一定距离印刷上银灰色条带,同样具有驱避蚜虫、减少病毒病的效果,应用相对比较广泛。

黑色地膜是在聚乙烯树脂中掺入2%～3%的黑色母料而吹塑成膜,厚度0.01～0.03毫米,每667米^{2}用量7～12千克,其透光率(可见光)在10%以下,能有效地抑制杂草生长。人少、地多、劳动力缺乏的地区,出现草荒严重的地区、地块,覆盖黑色地膜,能有效地防止草害发生,并可减少除草的用工数量。还可用于需黑暗条件的特殊栽培,如生产韭黄、蒜黄等。黑色地膜比透明地膜增温效果小,在炎热季节不要求高温栽培的作物或地区,用黑色膜可降低高温危害,如草莓栽培都有普遍应用。

绿色地膜是在聚乙烯树脂中加入一定量的绿色母料而制成的膜,可使部分可见光(主要是波长0.4～0.72微米的光)透过量减少,而绿色光增加,膜下植物的光合速率降低,有抑制杂草生长的作用。经济效益较高的作物,如茄子、甜椒、草莓、瓜类蔬菜上有些应用。

黑白双面复合地膜。白色向上能有效地降低地温,防热效果好。

银黑两面复合膜。银色面向上,有驱避蚜虫、防病毒病、避草荒等作用。

除草膜是在膜的一面融入不同品种、数量的除草剂,覆盖后药剂慢慢析出,以达到除草的目的。因不同作物对不同除草剂有很强的选择性,一旦用错,会导致培育的苗或作物死亡,所以使用除草膜时一定要按要求选择应用,千万不要用错。

二、农用塑料薄膜的种类和使用效果

另外,不同规格的打孔膜、切口膜(适合籽小、苗密的蔬菜应用)、可控性光降解地膜等,也在不断地试验或生产应用。但是,由于可控性光降解地膜降解时间长短、降解度不均匀,未降解的仍然要人工捡拾、清理,又因可控性光降解地膜经过使用后,经光降解变得脆、硬,比不降解地膜更难于捡拾、清理。也就是说,到目前为止,仍未试验和生产出完全符合农艺要求的可控性光降解地膜,所以应用面积的扩大受到了限制。随着科学技术的进步,新工艺、新材料的不断出现,可以预见,地膜覆盖栽培技术会越来越完善。

第二章 蔬菜地膜覆盖栽培应用技术

我国地域辽阔,幅员广大,各地区的自然和气候条件、地理位置、土壤质地、水文资源、栽培管理方法、适用品种、耕作习惯、生产水平等各有不同,蔬菜生产的茬口多、品种杂、季节性强。因此,各地区的农业科技人员和菜农,在应用地膜覆盖栽培技术时,不是生搬硬套,而是根据各自的条件,从生产的实际情况和需要出发,因时、因地、因苗制宜。由开始引进时的单一小高畦形式,经过小面积以春、夏菜为主的茬口中的少数品种进行应用试验,逐步发展到多茬口、多品种、多类型的综合、配套应用,并不断总结、完善,形成有创造性、实用性、效益高的应用技术。

到目前为止,综合全国各地的应用情况,蔬菜地膜覆盖栽培技术,可归纳为6种覆盖形式,即小高畦地膜覆盖栽培、沟畦栽种(改良式、卧栽)地膜覆盖栽培、小高畦矮拱棚地膜覆盖栽培、平畦近地面地膜覆盖栽培、平畦地膜覆盖栽培,以及其他形式。如用地膜先盖"天"(空间)后改成盖地面,蓝光色膜用于水稻防寒、培育高素质幼苗等的地膜覆盖栽培。6种不同的地膜覆盖栽培方式,各有其长处与局限性,在应用上需要区别情况,认真分析,做到扬长避短,以充分发挥其早熟、高产、稳产、减病、避灾和提高经济效益的作用。虽然地膜覆盖栽培技术应用已有30多年了,也已成为全国蔬菜栽培中普及的增产、增收、减病、节水的应用技术。但是,在实际生产中,各地仍会经常发现应用不科学的情况,也给生产带来不应该出现的损失。如应该做小高畦栽培的,却做成平畦覆膜栽培,使得浇水后地膜被泥浆覆盖,收不到增温等效果,不能促进蔬菜早栽种而实现早生、早发、促早熟,大大降低了地膜覆盖栽培的综合技术效果;采用平畦近地面覆盖方式栽培的,有的不搭设支架,雨、雪过后地膜上积满水和雪,也不扎孔破膜放积水入畦土中,结果积水和积雪使地膜下沉而压住幼苗,使幼苗无法生长,又不能见到阳光,往往捂黄、捂烂幼苗而造成死苗;采用沟畦栽种地膜覆盖栽培的,在高温时进行放风炼苗,往往会出现烤伤、烤死成苗的现象。这些不注意克服各种因素的"粗放"做法,除了不能充分发挥此项技术应有的效果外,反而加大了菜农的投资支出。因此,在生产上应用新技术时,不但要充分发挥新技术的优点,对不利因素更要特别注意防患,做到趋利避害,才能保证应用成功,减少生产损失。现将不同类型地膜覆盖栽培形式及其应用技术分别介绍如下。

一、小高畦地膜覆盖栽培

小高畦地膜覆盖栽培,是这项引进技术的基本应用形式。它是把栽培蔬菜的床土做成具有一定高度、宽度,畦面呈拱圆形的畦垄,将塑料地膜覆盖在畦垄的土表面,地膜四边埋入土中,并用土埋严、压实,然后按不同蔬菜所要求的行株距离打孔挖穴,把幼苗或种子栽种于膜孔部位的一种应用形式(图2-1)。目前,这种形式仍然是应用最广的一种。如北京地区,约占地膜覆盖栽培总面积的60%,在无霜期内的春季、干旱或多雨的夏季和秋季等各个季节栽培的茄果类、瓜类、豆类和部分叶菜类蔬菜,几乎都是采用这种形式。就是说,凡具有一定行距、株距,用种子穴播和育苗移栽的蔬菜,如架豆、豇豆、芸豆、黄瓜、茄子、甜椒、番茄、菜花(花椰菜)、结球甘蓝、莴笋、西葫芦等,都可以采用这种小高畦地膜覆盖栽培形式。但是,需要用种子撒播、条播的蔬菜,在霜冻期内怕霜冻危害的蔬菜,如茴香、茼蒿、小白菜、小油菜、芹菜、菠菜等,都不适于采用这种小高畦地膜覆盖栽培形式,因其不具备预防作物地上部植株受低温、霜冻的作用,而需要选择其他形式的地膜覆盖栽培。

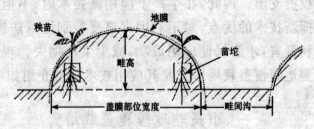

图2-1 小高畦地膜覆盖栽培横切面示意图

一、小高畦地膜覆盖栽培

(一)播种或定植前的准备工作

1. **深耕、细耙土地** 采用小高畦地膜覆盖栽培的蔬菜,根系生长发育好,在土壤中的分布范围广而深,只有提供深厚的土壤耕作层,才有利于根系的发展,而在单位面积内生产出最多的高质量的产品。因此,凡是采用小高畦地膜覆盖栽培的地块,要力争将土地深耕27厘米以上,然后进行细耙,做到畦土细碎,没有大土坷垃(疙瘩),畦面平整,不出现坑洼,这样才有利于将覆盖的地膜紧贴在畦垄土表面上。如果浅耕、粗耙,大土坷垃多,畦垄表面凹凸不平,就难以使地膜紧贴在畦垄土的表面,容易出现地膜破损和膜下杂草丛生等,均会影响充分发挥地膜覆盖栽培的效益。

2. **施足优质基肥** 采用小高畦地膜覆盖栽培的蔬菜,与不盖地膜的露地栽培相比较,前者生长发育快,需要从土壤中吸收的营养物质多,加之覆盖地膜后,在生育期间不便于给作物再追施有机肥,这就要求在整地、做畦时,先要施足优质有机肥,或施入足够的迟效性复合(多元)化肥,尽可能保持土壤肥分能在较长时间内满足作物营养需要。一般要求每667米^{2}施优质农家肥5 000千克左右,加施50千克左右的过磷酸钙或25千克左右的复合肥,以防止作物生长后期脱肥、早衰。如再配合适时追肥,则获得丰产的效益更好。以优质有机肥做基肥,每667米^{2}用量在5 000千克以下时,要强调把基肥集中沟施,不要分散性地全田铺施,以提高肥效。每667米^{2}施优质有机肥数量在 5 000 千克以上时,可将一半有机肥进行分散性全田铺施后再翻耕土地,另一半在做畦时进行沟施。这样做能有效增加土壤的腐殖质,利于培肥地力和改善土壤的团粒结构,防止土壤板结不透气。加施的过磷酸钙,最好将其压成粉末,不要有大结块,并与有机肥一起混合均匀或堆沤后使用。

如在盐碱地块上施用过磷酸钙,则更要强调与有机肥一起混合均匀后使用,以提高肥效。否则,过磷酸钙中的有效肥分易被盐碱土壤所固定(难被作物根系吸收)而降低其肥效。解决盖膜后追肥难及防止作物生育后期脱肥和早衰问题,最简单有效的办法,就是地膜覆盖配合使用塑料软管滴灌带,再安装上施肥器,即可随水施入液体肥料。这一配套技术,在北京、大庆、南京等地已大面积推广,既解决了盖膜后的主要问题,投资又不大,又能大大节省施肥、浇水等作业的用工,受到广大菜农的欢迎。参见第三章配套塑料软管灌水技术部分。

施用基肥的具体做法是:在人多地少、有精耕细作传统习惯的地区,深耕、细耙后的地块,按 8.3～10 米的宽度将地块划分为若干块,每 1 块叫 1 扇地,每扇地块两边各挖 1 条水沟,1 条深一些做排水沟,1 条浅一些做灌水沟,叫"一灌一排",然后把每扇地平整好。根据不同地区的耕作习惯和不同种类蔬菜对畦口大小的要求,最好做成每畦能栽种 2 行蔬菜,拉绳、踩印,标出打畦垄的界线,使畦垄大小均匀一致。在两条界线内(即每 1 个畦的两

一、小高畦地膜覆盖栽培

边内)进行栽苗、播种的部位或在畦的中间部位,用镐开出深约20厘米的2条或1条施肥、浇水沟。这里需要注意的是,当采用先做小高畦、盖好地膜后再栽苗或播种时,每畦中间挖1条沟比挖2条沟的做法要省一些工序和工时;若采用先施肥、浇水(也可用粪稀水),接着栽苗(俗称水稳苗),然后回土封沟再变成小高畦状,再覆地膜、打孔放苗的做法,则必须每畦挖2条施肥、浇水沟,并在沟内均匀施入足够的优质基肥。

3. 浇好底墒水　地膜覆盖小高畦栽培的蔬菜,只有在保证底墒充足的情况下,才能使直播的种子顺利发芽、出苗或移栽的幼苗正常缓苗,防止出现缺苗断垄、大小苗和旱苗。若底墒不足,土壤偏干旱时,会使播后的种子因吸水不足而不能正常发芽、出苗。尤其在高温、炎热季节,采用先浸种催芽,后播种的蔬菜,将会使种芽干瘪在土里,不能获得全苗。育苗移栽的蔬菜,由于定植前要挖坨炼苗,苗坨都比较干燥,浇好底墒水,才便于移栽。有的地区还有不带土坨移栽幼苗的做法,若底墒不足,栽后的幼苗很难及时发出新根,会延长缓苗期,甚至会因干旱而造成幼苗死亡。特别是西北、东北、华北的广大地区,多数年份春季干旱少雨,干冷风天气较多,保证底墒充足,更是夺取苗全、苗齐、苗壮、早生、快发和促进早熟、高产的一个重要环节。

保证底墒充足,有以下几种方法:春季白茬地(无前茬作物的地块),在冬灌、春灌后耕地;有前茬作物的地

第二章 蔬菜地膜覆盖栽培应用技术

块,则应在腾茬(拉秧)后及时翻耕细耙。在整地做畦后施肥,在施肥沟里浇水,再回土做成小高畦,并及时盖好地膜,等待栽种。在施肥沟里边浇水边栽苗(即水稳苗),待水下渗后及时回土封沟做成小高畦,最后掏苗出膜,将地膜盖好。栽种完毕后,在畦间沟内浇水。先盖膜后栽苗的,也可在打孔栽苗后,直接浇水于栽苗穴内,每穴浇水 0.5～1 升,然后用土盖严膜孔。北京地区称此种浇水方法为"浇暗水"。尤其是北方地区,春季地温偏低,此法可避免沟灌用水量大而降低地温,有利于作物早栽、早发、促早熟。上述方法均可有效地保证各种地块的底墒水充足。没有浇灌条件的地块,土壤翻耕完毕后应及时整地、做畦、覆膜,栽苗或播种后按穴点水,也是提高全苗率的有效方法。江南雨水较多的地区及"三北"广大地区的低洼易涝地块,地下水位高及前茬作物收获后能及时翻耕、整地、做畦和盖膜的地块,往往不是缺少底墒水,而是土壤水分过多。对这些地块,则要求多耕翻耙地,进行散墒,以防土壤水分过多,造成播种后烂种或幼苗不发根,导致缺苗或幼苗变黄弱,甚至出现沤根死苗。总之要保证底墒水充足,既要避旱又要防止水分过多,具体做法则要因时、因地制宜,不能生搬硬套,千篇一律。

4. **其他准备工作** 为了能按农时季节及时播种和定植,应提前把所需的种子、壮苗、肥料、农药、药械、地膜、竹竿、防寒物等准备好,并做好灾情出现时能及时抢救的准备。

(二)做小高畦与播种、定植

蔬菜地膜覆盖栽培,因地区、季节、蔬菜种类等不同,做法上有先做畦、播种、栽苗后盖地膜和先做畦、盖好地膜再打孔、播种、移栽的区分。其田间操作方法和作业顺序亦要根据不同情况而定。而且,在完成做小高畦、播种、定植、盖地膜等田间作业之前,还应根据地区、季节、土壤、水分、蔬菜种类等要求上的差别,首先确定好盖地膜部位小高畦的高度、宽窄和选用地膜的型号等,才能确定田间作业顺序及操作方法。

1. 小高畦高度的确定　选择、确定地膜覆盖栽培小高畦的高矮,要根据地区、地势、土质、季节、气候、地下水位、降雨量及耕作管理水平等条件的不同做到因地制宜,以便充分发挥这种栽培方式和当地自然资源的优势,不能只用一个模式。但是,经过各地 30 余年的生产实践,也总结出一些可供生产者遵循的经验。如长江以北的广大地区,在春季进行蔬菜栽培时,影响生长发育的主要因素是地温、气温偏低,从解决这一主要矛盾来说,小高畦地膜覆盖方式是行之有效的。而且,小高畦高度不同,增温值也不同,高度越高其增温值越大。从测定耕作层土壤含水量的变化情况来看,畦的高度越高,就越有利于多雨地区和低洼易涝地块在雨季防止雨涝给蔬菜带来的危害,但不利于旱季、干旱地区、山岗、坡地的抗旱保苗。从各地的实践情况看,畦高 5、10、15、20 厘米的都有,甚至有高至 30 厘米的高畦。

第二章 蔬菜地膜覆盖栽培应用技术

总的看来,江南地区的年雨量大、雨天多、地下水位高、土质黏重、有不渗水的犁底层等因素,应以偏重防涝渍危害为主要目标,小高畦以比江北的高一些为宜,一般在15~25厘米之间。在少雨地区或栽培季节气候偏干旱、栽培适温前期气温偏低的地带,畦的高度以比江南地区稍低一些为宜,例如,华北、东北地区,一般土层深厚,土壤渗透力强,春季较干旱,并常伴有大风,早春温度低,以增温、保墒,防低温、冷冻为主要目标,畦高以10~20厘米为宜。在这个范围内,因地制宜地确定具体高度。在水源充足、土质偏黏、有胶泥底不渗水层、地势低洼的地块,畦做得高一些较好;在沙性土壤、漏水漏肥、高岗、丘陵、坡地和缺少水源、不能保证浇灌的地块,小高畦则偏低一些为好。雨季的雨量大而集中,要以便于排水防涝为中心,同时须考虑到雨季有时也可能遇到干旱、缺少雨水的情况,若水源有保证,小高畦则可高到15~20厘米;在低洼易积水的地块,还可使小高畦的高度达到25~30厘米。在西北高原地区,长年雨量稀少,阳光充足,日照强,蒸发量大,往往缺少水源和浇灌条件,不易出现涝害,保墒、夺取全苗是重要环节,一般可采用5~10厘米的小高畦,甚至采用平畦地膜覆盖栽培,其效果也很好。在此要特别指出的是,小高畦的高度也要根据各地多年实践的成功经验加以选择应用,不能千篇一律死套用一个高度,应用不当,也会给生产带来损失。各地也都出现过因高度不适而造成地膜覆盖栽培失败的事例。

一、小高畦地膜覆盖栽培

2. 小高畦宽度的确定 小高畦地膜覆盖栽培,在生产实际应用中,有的1畦栽种1行蔬菜,有的1畦栽种2行蔬菜,畦口的大小和小高畦盖膜部位的宽窄也因此而有所不同。绝大多数地区的经验证明,小高畦地膜覆盖栽培的畦口大小,可以根据不同种类蔬菜、不同地区和不同耕作习惯确定。但是,小高畦覆盖地膜部位的宽窄却有一定的要求,不可不讲规格的大小。从各方面比较的结果看,小高畦盖膜部位的宽度以60~80厘米比较理想。从土壤水分渗透速度方面考察看出,在华北地区于春季栽培蔬菜采用小高畦地膜覆盖栽培时,盖膜部位宽度为80厘米时,从畦间沟浇水后,要经过24小时才能使整个小高畦内的土壤水分分布均衡。时间少于24小时,则小高畦中间部位的土壤水分仍不能分布均匀,有"干夹心"的现象产生。采取这种宽度的优点如下。

第一,茄果类、瓜类、豆类和部分叶菜类蔬菜所要求不同的大小行株距都能安排,容易做到合理密植。

第二,利于抗旱和防涝。遇到干旱少雨季节,通过在畦间沟内浇水,较容易洇透小高畦盖膜部位的土壤,不至于因缺水而产生严重旱苗;遇到多雨季节,也易于及时排除积水,减少渍涝危害。若覆盖地膜部位的小高畦宽度大于80厘米,在畦间沟小、浇水量不足时,难于通过浇畦沟水而洇透小高畦中间部位的土壤,形成"干夹心",易出现缺水旱苗情况,对于要求需水量较大的瓜类蔬菜更是如此。特别是干旱季节,更容易因浇水不足而加重旱情,影响蔬菜的生长发育,甚至易诱发番茄、甜椒等蔬菜的病毒病。阴雨天多时,土壤水分饱和,因覆盖地膜部位宽度大,要在短期内散墒防渍涝就有困难。如覆盖地膜部位的小高畦宽度小于60厘米,虽然通过畦间沟浇水易洇透畦土,雨水多时散墒较快,但遇到雨量大、排水不及时、连阴雨天气时,也易出现渍涝危害,增加死秧。

第三,60~80厘米的覆膜宽度下,地膜的利用率较合理,采光条件较好。例如,同是东西走向的畦,高度均为15厘米时,每个畦覆盖地膜按两边各埋入土中10厘米计算,在畦面的拱圆弧度不计算在内的情况下,当采用小高畦盖膜部位宽30厘米,只栽种1行蔬菜的畦式时,需用幅宽50厘米的地膜栽培,其地膜利用率约60%;盖膜部位宽60、70、80厘米的小高畦,都能栽种2行蔬菜,适用的地膜幅宽分别为80、90、100厘米,则地膜的有效利用率分别为75%、77.8%、80%。畦面越宽,地膜利用率就越高。在小高畦高度相同的情况下,因同时间、同地区的太阳高度角也相同,当畦面越小时,畦面上所形成的弧度就越大,这样在畦的北半边所出现的阴影面积的和也就越大,结果是采光面和光能利用率及相应的增温效果就越小。

第四,做畦、盖地膜、压埋地膜等工序,畦面越宽,用工量越少(当然不会是无限度),田间管理、操作也较方便。因为同一种类蔬菜在单位面积内种植密度相同的情况下,进行田间小高畦地膜覆盖栽培,每个畦均需四面开沟并用土压埋地膜,而不受小高畦盖膜部位宽窄的影响。

一、小高畦地膜覆盖栽培

所以在同一块地上,畦口越宽,做出的畦数就越少;反之,畦口越小,做出的畦数就越多。如地扇宽 6.7 米时,按 66 厘米宽畦口做畦,每 667 米² 地块可做成 150 个畦,按 1 米宽则可做成 100 个畦,若按 133 厘米宽的畦口做畦,仅可做出 75 个畦。也就是说,畦越小,单位面积的畦数越多,因而用工量就越大。另外,1 个小高畦种 1 行蔬菜时,畦间沟相对较窄,对那些要插架、绑蔓、分次采收的茄果类、瓜类、豆类等蔬菜,不便于进行田间管理和操作。总体上看,小高畦的宽度以覆膜面 60~80 厘米为宜,具有节省劳力和成本、操作方便等优点。

3. 做畦与播种、移栽的几种不同方法

第一,先做畦、盖地膜,后播种、栽苗。按照不同蔬菜、密度和各地区耕作习惯的要求,确定畦口大小的尺码后,即可拉绳、踩印、放线,标记出畦口大小的界线。在 2 条界线之间(即每 1 个畦)的中间部位,用牲畜拉耠子或人工用镐等农具,开出 1 条深约 20 厘米的施肥沟,1 次施足腐熟、优质有机肥,每 667 米² 最好配合施用过磷酸钙 50 千克左右,或多元复合肥料 15~20 千克。施肥后,随即往施肥沟里浇水,待水下渗后,回土封好施肥沟。把每条界线部位的土取出填在两侧的施肥沟部位,使两条界线的中间部分形成高矮、宽窄符合规格要求的小高畦。然后进行整形,将小高畦做成中间高两侧低、畦面略呈拱圆形,每条界线部位则成为畦间沟(图 2-2)。并将小高畦表面土拍打细碎、整平,喷上除草剂(高温、干旱季节可不

第二章 蔬菜地膜覆盖栽培应用技术

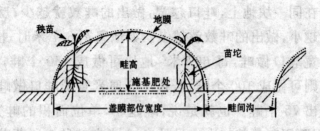

图 2-2 小高畦地膜覆盖栽培施基肥横切面示意图

使用)。如用 48%氟乐灵乳油 100～150 克,对水 60～75 升,可喷 667 米² 菜田小高畦畦面。喷药后浅耕,例如,可用平耙轻轻平整畦面一遍,使氟乐灵混合在 0～3 厘米深度的表土层中,防止药剂在畦土表面被太阳照射而光解失效。结合混合药土,把小高畦畦面整平,接着覆盖地膜。要求做到将地膜抻紧铺平,四边用土埋严、压实,以防地膜被大风刮起或撕裂。若采用机械盖地膜,需在铺施充足的优质基肥的基础上,进行翻耕土地、起土、做畦、开沟、整形、铺膜、压埋地膜等作业,可 1 次完成几道工序,省工、省力、省时,不误农时,可大大提高工作效率。

完成上述田间作业后,只要播期或定植期合适,便可在小高畦两侧(约离畦边缘 10 厘米左右的部位)进行破膜,打孔点播种子或栽植幼苗。如用种子直播,可按不同蔬菜所要求的密度算出合理穴距,再打孔点播;栽植蔬菜,可按穴(株)距要求,用打孔器、罐头盒或栽苗铲,先挖出栽苗坑,再将苗坨移栽至坑内。不论用种子直播或育苗移栽,播种和栽苗部位的膜孔和穴坑,均要从畦沟里铲

一、小高畦地膜覆盖栽培

一些细碎土将其埋严,以防止膜下水分汽化从膜孔处逸出而造成失水、散热、高温烧伤幼苗或因覆盖不严而滋生杂草。用种子直播的还要注意埋土深浅一致,以免影响出苗和齐苗。种子埋土过深不容易出苗,甚至影响生长;埋土过浅则容易因缺水而造成旱籽出现缺苗。

第二,先做畦、点播种子、栽苗,后盖地膜。按前面所述第一种做法的作业顺序,在完成喷洒除草剂,将畦面平整好以后,即可按不同蔬菜要求的穴(株)距离打孔播种或挖穴栽苗,然后覆盖地膜。待种子发芽出土时(幼芽处于弯弓顶土而未露出子叶前),及时划破地膜并抓一些细碎潮土将膜孔盖好,让幼苗自然长出膜外,或盖膜时对准栽苗部位撕(剪)裂地膜,把苗掏出膜外,然后再将地膜覆盖平整,用土埋严栽苗处的膜孔(裂口)。这种做法虽然简便,但必须在播种后至出齐苗前,经常检查出苗情况,及时破膜放出幼苗,有时要用人工辅助将苗掏出膜外,并做好查苗、补苗工作。特别在高温、干旱或多雨季节,采用这种做法,由于膜下高温、高湿,往往会造成种子被捂烂在土中。如果破膜放苗出膜不及时或栽苗口(裂口)覆盖不严时,也容易将刚出土的幼嫩苗或移栽的小苗烫伤、烤坏或烤死,而影响全苗,严重时要重新播种,以免耽误生产季节。所以,在高温、干旱季节,对用种子直播的蔬菜,还是采用先盖地膜后打孔播种的做法比较安全。

第三,先栽苗,后做小高畦、盖地膜。操作步骤:①在平整地扇后,于2条畦界线内(每1个畦)计划栽苗的部

第二章 蔬菜地膜覆盖栽培应用技术

位,挖2条深约20厘米左右的施肥、栽苗沟,将基肥均匀施入沟内。②开沟起的土,往两沟的中间部位堆放,做成中间高、两侧低的小高畦。栽完每畦苗即跟着浇水,或先浇水随即码放苗坨(叫水稳苗),春天最好浇粪稀水。③待定植水下渗后,即可在每个畦2条界线部位取土,封好栽苗沟,培垄使成拱圆形畦面的小高畦。④然后在畦一头挖小沟,把地膜一头埋实,顺畦抻开地膜,浮铺在栽完的苗上面,2人一组,在畦两边将地膜拉紧,对准苗株基部撕破地膜,用3个手指插入孔膜下,轻抓幼苗,另一只手按住地膜,将幼苗掏出膜外,落下地膜覆盖在小高畦土表面。⑤待整个畦的苗都掏出膜外后,把地膜四边拉紧,用土埋压好,并用细碎潮湿的土把栽苗处的膜孔盖严。⑥若使用除草剂氟乐灵,在栽完苗回土培垄成小高畦后,未盖地膜前将药液喷洒在畦土表面,混合表土,整平畦表面,再盖地膜,就变成完整的小高畦地膜覆盖栽培形式。采用这种方法,做畦、栽苗、盖地膜的速度快,用工量少,有利于抢季节、抓时间,完成种植任务。但是,这种做法在栽苗后不容易把畦表土整理成"平整、光滑"的畦面,地膜不易紧贴畦面,膜孔往往不能都对准苗基部,易造成膜孔大、苗倾斜等,有的易滋生杂草,有的出现地膜被大风吹破、刮跑等情况。

对于一个生产单位或专业户,当地膜覆盖栽培面积较大时,若能掌握以上3种应用方法,搭配使用,利于排开农活,避免在短期内农活过于集中。例如,有春白茬地

一、小高畦地膜覆盖栽培

的单位,可在适宜的播种、栽苗期以前,先完成耕地、整地、施肥、做畦、盖地膜等农活,等待适宜的播种、栽苗期一到,就及时播种或移栽;有前茬作物的地块,为做到抓季节、抢时间,不误农时,则可在腾茬后及时翻耕、整地、施肥、做畦、播种、定植,再盖地膜。这样,在同一单位内,可避免短期内因农活集中,过于劳累。

采用小高畦地膜覆盖栽培蔬菜,从全国各地多年生产实践来看,要重点抓好以下几个环节:一是夏秋高温、干旱或多雨季节,一定要坚持先整地、做畦、盖好地膜,后打膜孔播种,膜孔直径 8~10 厘米,也可在出齐苗后再盖膜。同时要注意查苗、补苗。育苗移栽,可先盖地膜后打孔栽苗,也可先栽苗后盖膜。在春季采用小高畦地膜覆盖栽培蔬菜,除因播种后遇到较长时间低温,出现捂烂种子现象外,一般不会发生此问题。二是必须把播种、栽苗膜孔用疏松、潮湿的细土盖严,以防止水分、热量散失或烧伤、烤死幼苗。苗孔透气也易滋生杂草。三是用种子直播的蔬菜,出苗前浇水时要避免畦间沟里的水淹到播种孔部位,以防盖膜孔的细土浸水,干燥后变成"土饼块",种子发芽后,不能穿过"土饼块"而捂在底下,影响出全苗。四是由于地膜只是盖地护根,不能防地上部分受低温、霜冻危害,所以要掌握在晚霜后出苗、栽苗,并于早霜来临前做好防霜冻危害的准备工作。五是用种子直播的瓜类蔬菜,使用氟乐灵除草剂时,要先整地、做畦、喷药,盖地膜后过三五天再播种,以防种子出芽时吸收较多的氟乐灵而造成药害,影响正常生长。其他种类的蔬菜,一般不会产生药害问题。若育苗移栽瓜类蔬菜,如黄瓜等,喷洒氟乐灵后,随即进行移栽定植,也不会产生药害问题。六是育苗移栽的蔬菜,在春季不论是地苗、营养土方还是机制土方育苗,由于定植前要进行控水、低温炼苗,一般情况下苗坨都较干燥,在移栽前要用喷壶把苗坨喷湿、洇透,以运送苗坨时不易散坨为宜,使幼苗栽植后能很快缓苗、生长。七是播种和定植后,除低洼、易涝、土壤水分充足的地块外,一般要在畦间沟里浇 1 次水,特别是在高温、干旱季节要多次浇水。这样既可以补充底墒水,又有利于出全苗,还可利用浇水后的泥浆封住地膜的边缘,减少地膜被大风刮破、吹跑等危害。抓好以上几个环节,将会使小高畦地膜覆盖栽培技术发挥出更高的效益。

(三)选择适宜的播种、定植时期

小高畦地膜覆盖栽培,地膜覆盖在小高畦的表面上,即只盖地不盖天(空间),能使蔬菜植株地下部分的根系得到良好保护,而对地上部分没有保护作用,故有"护根栽培"之称,也不能防止雨淋、日晒,以及病虫危害植株的茎、叶、花、果,也不能防止低温、霜冻对植株的危害。因此,在实际应用时,必须选择适宜的播种和定植时间,才能保证安全生产,不因自然气候影响而造成损失。如喜温、怕冷冻危害的茄果类、瓜类、豆类蔬菜,在用种子直播时,则需要安排在晚霜期内播种,晚霜期过后出苗才安

一、小高畦地膜覆盖栽培

全。若在晚霜期内出苗,往往会因低温、霜冻危害而造成大面积死苗,耽误生产季节。同样,育苗移栽的蔬菜,也要看不同品种的耐寒性和育苗后期的炼苗好坏而决定移栽期的早晚,一般要在当地晚霜期过后定植。若选用较耐寒的品种或炼苗较好的,如圆白菜等少数蔬菜种类,稍经霜冻后生长和产量影响不大。为了争取早上市供应市场,取得好的效益,也可以在晚霜期内提前栽植。但要注意防止严重的霜冻出现,否则不能随意提前播种和定植。如北京市郊区,在1980年进行地膜覆盖小高畦定植期试验中,4月15日一起定植的番茄、甜椒,因4月16日至19日遇到大风降温天气,并有轻霜出现,结果番茄的死苗率高达88.6%,甜椒则全部冻死。晚霜期(4月19日)以后,于4月21日定植的这2种蔬菜的幼苗,成活率则达到100%。又如1984年,晚霜期比常年偏晚,4月27日凌晨最低地表温度为-3℃左右,造成按常年天气适于4月上中旬播种和27日前定植的各种茄果类、瓜类、豆类等喜温蔬菜,大面积受冻害死苗。其中在27日前已出苗的小高畦地膜覆盖栽培的菜豆,冻死苗率达80%左右,不得不大面积补种、改种。所以,采用这种栽培方式,对各种喜温蔬菜仍要遵循当地的露地栽培时节和原则,不能随意将播种期和定植期提前。若要提前播种或移栽定植,争取早期产量更高,获得更好的经济效益,则要采取防寒、保温、防霜冻等保护性措施,否则将给生产带来难以弥补的损失。在生产实践中,可在小高畦地膜覆盖栽培的基础上,利用废旧农膜加小拱棚覆盖的形式进行多层覆盖生产,一般可实现提早10~15天上市。秋后早霜来临时仍未达到能收获的怕霜冻蔬菜,则须有防霜冻措施,才能使之完成生长发育周期或达到延长生育期的栽培目的。如架设临时小拱棚、埋设风障等措施,都是防寒保温、延后栽培的有效做法。

总的来说,这种小高畦地膜覆盖栽培方式,因盖地膜后具有增温、保水、提高肥效、保持土壤疏松、抑制杂草滋生等作用,对促进蔬菜生长发育,提高抗逆力,获得早熟、高产、稳产等,有其巨大的实用效果。然而地膜覆盖栽培技术,也与一般事物一样都具有两面性,对具有技术缺点的另一面,应积极采取防止产生消极作用的措施,以达到预想的栽培目的,取得预期的效果。

(四)抓好追肥工作

各地的实践证明,在土地肥力好、基肥充足、追肥及时和精耕细管的情况下,充分发挥地膜覆盖小高畦栽培的技术优势,则增产潜力很大。若在地力不足、中低等施肥水平、田间管理粗放的情况下,作物的生育后期则易出现脱肥而早衰的现象,甚至后期的产量比露地栽培的还要低。如北京市前几年进行试验的调查结果,春播蔬菜在肥力不足、管理粗放的地块,即使采用小高畦地膜覆盖栽培,不少地块的平均产量比不盖地膜的效益所增无几。东北农业大学李盛萱等试验报道,也证明小高畦地膜覆盖栽培在施肥水平高的地块上,黄瓜、番茄后期生育正

一、小高畦地膜覆盖栽培

常,不易早衰,增产潜力大;而施肥水平为中、下等的地块,比露地栽培的黄瓜、番茄生育前期的根系生长快、体积大,地上部分植株的长势健壮,生长速度快,发育提前,早熟、高产优势明显。但是,在生育中、后期不追肥时,根系达到一定量的高峰后,因营养不足,则出现根量衰减的时间早而速度快,地上部分植株相应地出现早衰,不能发挥出生育中、后期的增产潜力。这说明小高畦地膜覆盖栽培蔬菜,在田间管理上,要重视生育中、后期的追肥,补充营养。

总结各地的经验,小高畦地膜覆盖栽培若坚持塑料地膜一盖到底,不在生育期中撤除地膜的效益高;若在生育期间撤除地膜,撤除时间越早,效益越低。从管理上说,不撤除地膜,在施加追肥,特别是追施固体肥料(有机肥和无机肥)时,则不如不盖地膜的方便。为解决小高畦地膜覆盖栽培在生育期间既不撤除地膜,又能保证作物中、后期不出现营养不足而早衰的现象,可通过以下几种方法进行追肥。

其一,凡是可以用液态追施的肥料,如粪稀、氨水、碳酸氢铵等,可在浇水时随水追施在畦间沟里,肥料随水渗入土层中,被作物根系吸收。

其二,碳酸氢铵、硫酸铵、硝酸铵、尿素、复合肥和麻酱渣、棉籽饼、豆饼等颗粒形及固体化肥和有机肥(先堆沤腐熟后再施用),可采取埋施的方法,即在小高畦的蔬菜行垄间、四棵(穴)植株的中间部位,挖坑埋施。施肥坑

第二章 蔬菜地膜覆盖栽培应用技术

要离开蔬菜植株茎基部10厘米以上,以防肥料溶液浓度过高而造成"烧根"现象;同时,施入肥料后要用土把施肥坑埋严。也可采用在小高畦的两侧开沟埋施的方法。施肥后应及时在畦间沟内浇1次水。

其三,用尿素、磷酸二氢钾、微量元素等肥料做追肥时,均可配制成0.3%～0.5%浓度的液态肥,在生育中、后期用于根外追肥(喷洒于植株的茎、叶、花、果上),可取得较好的增产效果。

其四,地膜覆盖小高畦栽培蔬菜,确实因为膜下杂草丛生,需进行揭膜除草的地块,则可在揭膜除草后,及时在行垄间开沟追施化肥和有机肥,将肥料埋严,再重新把地膜覆盖好。这一方法操作困难,且费工费时,一般不被采用。

其五,有液体肥料注射枪的单位,凡是能溶化成液态的肥料,都可用注射枪把液态肥料注射到作物根系活动的土壤耕作层中,供根系吸收,效果更好。

其六,有条件的地区、单位和农户,如果能采用塑料软管滴灌、配套地膜覆盖栽培技术,再配以施肥器,则技术更完善,只要是液肥就能用施肥器随浇水时自动施入土壤中。如在北方地区的大、中、小棚和温室等保护地内,配套使用塑料软管滴灌带。地膜覆盖小高畦栽培,同时安装上施肥器,则可达到综合效果。北京地区最近5年试验、示范、推广130多公顷的实践证明,有两低(空气相对湿度低、发病率低,且发病时间推迟)、三增(增温、增产、增收)、四省(省工、省水达48%～60%、省药、省肥)的效果。而且浇水、施肥不必人工开沟、挖穴、撒施。这是一项完整、综合、配套、简便、高效益的新技术,在北方地区,尤其是在缺少水源、劳力和用水量大、供水问题难于解决的大城市郊区,今后将会大力发展塑料软管滴灌和配套施肥器的节水栽培技术。

其七,地膜覆盖小高畦栽培蔬菜,在一次性施足优质、腐熟有机肥的基础上,追肥要采用少量多次的方法,偏重生育中、后期的追肥,防止前期长势过旺而后期缺肥早衰。

(五)防止趴架和倒伏

蔬菜采用小高畦地膜覆盖栽培,比露地栽培的根系生长发育快,根系发达,在土壤中的分布范围广而且浅,相应地促进了地上部植株的生长发育,使之枝叶繁茂,长势健壮,茄果、瓜、豆的果实大而多。有些种类的蔬菜,在露地栽培时,生育期间就要进行培土、插架杆等,以防倒伏。但覆盖地膜后,若在地膜表面培土防倒伏,清理秧棵时难于把废旧残膜除净,增加土壤中废旧地膜残留量。实验研究表明,残留的废旧地膜掩埋在土壤里的时间长达25～30年都不会完全腐烂,每667米^{2}地块如果残留地膜量超过8～11千克,则会影响机耕作业,残留量超过4千克时则开始影响作物根系的生长和产量,所以不宜在地膜上面培土防倒伏。然而,在生产实践中,特别是在风雨灾害之后,有支架的出现趴架,无支架的出现倒伏,由此造成减产的问题在所难免。为解决以上矛盾,要求在栽培管理上必须注意农活的质量,对有支架的蔬菜,应把架杆扦插得更牢固一些,把架嘴捆扎结实。如黄瓜等需要绑蔓的蔬菜,在秧蔓长至33厘米高以后,应采用"弓"字形绑蔓法,不要拉直绑到顶,以便延缓秧蔓爬至架顶的时间,既可避免头重脚轻的情况,又可减少趴架情况的发生。对于茄子、甜椒等原来用培土方法而不用支架防倒伏的蔬菜,除了在移栽时把苗坨栽深一些外,采用地膜覆盖小高畦栽培后,对生育期间出现植株高大、枝叶茂盛,确有倒伏危险的地块和局部植株,可用按株(穴)插杆或植株行向两侧斜向插杆,以防止植株倒伏;在小高畦四周扎捆成栏杆,围住植株不向四周倾斜、倒伏,也是防倒伏的有效方法。但是,这些方法不但均费时、费工,且增加了竹竿费用的支出。

(六)保证盖膜质量

覆盖地膜对质量要求非常严格。若畦面凸凹不平,地膜盖得松散,播种和栽苗的膜孔没有用土盖严,地膜四边埋压不实等,栽种蔬菜后很快就会在膜下出现杂草丛生并胀破地膜,杂草与蔬菜争夺光、温、水、肥、气,从而大大降低效益。因此,在生产上除配合使用适当的除草剂以外,认真做到小高畦的畦面土细碎,无大土坷垃,畦面平整,没有凹凸不平的现象,地膜紧贴畦面,四边埋压得严实,播种、栽苗的膜孔及破裂处均用土盖严,不产生跑气、散热情况。这样,才能达到增温、保水、保持土壤疏松、不出现草荒,并能防止烧伤、烤死幼苗和避免大风吹坏、刮跑地膜,从而达到早熟、高产、稳产、多收的目的。

(七)安排"一膜多用",降低生产成本

随着地膜覆盖栽培技术的不断完善和成熟,各地已总结出一些行之有效的"一膜多用"办法,并在大面积生产中得到推广应用。在土地肥沃、基肥充足、能做到及时追肥的地块和单位,采用小高畦地膜覆盖栽培的蔬菜收获后,将田间残根、落叶、杂物清除干净,但不清除地膜,也不耕翻土地,在原有小高畦上接着播种、定植第二茬蔬菜,这样一次盖膜,两茬利用,上下茬蔬菜同样可获得高产多收;将越冬期覆盖根茬菜的地膜,撤除后挪到风障茬口中覆盖早春小菜,与新地膜一样,都能获得良好效益;用新膜盖过早春小菜后,移到春播露地茬用于覆盖,又是一种一膜两用的方式;在春季把地膜先当"天膜"(盖空间),晚霜期过后落下薄膜当地膜,可使作物提前10~20天定植、播种,促使作物早栽、早种、早发、早熟、高产、多收。

以上几种方法,都是同一块地膜实行1次盖膜2茬应用,或分次覆盖,2次以上应用,均能节约地膜,降低生产成本,提高经济效益。

(八)注意田间残膜的清除

在生产中,每茬作物收获后,必须结合清理园田,尽量把废旧残膜从田间、土里收拾干净。否则,在土壤中的废旧残膜积累多了,会妨碍土地翻耕,影响整地作业质

量,阻碍作物根系伸长和生长发育,影响生产水平提高。1990年3月和11月,2次对北京郊区农田的残膜进行调查,经过10年地膜覆盖栽培的地块,耕层地膜残留量每667米^{2}平均为2 725克、42 802块,垂直分布0~20厘米(根系分布区)占80.5%,对作物产生了不良影响,引起了有关方面的重视。要求在应用地膜覆盖栽培时,认真地把废旧残膜清除干净,避免越积越多,以致出现严重污染并导致产量下降。大面积调查表明,每667米^{2}残留地膜3 000~4 000克,蔬菜一般减产1.8%~10.8%。北京市农业局环保处,做了2年残留地膜对作物危害的模拟试验,表明耕层残留地膜过多,影响蔬菜根系发育,对养分、水分吸收下降,降低了蔬菜的抗病能力。番茄劣质果增加,大白菜包心不足,萝卜生长受阻致肉质根弯曲、个小,蔬菜食用率下降,病情指数增加。可见每茬作物收获后,彻底清除田间废旧残膜碎片,是值得重视的一项善后工作。

二、沟畦栽种地膜覆盖栽培

由于小高畦地膜覆盖栽培在春季霜期内不能防止植株地上部分的霜冻危害,因而引起人们考虑地膜覆盖小高畦的改进。开始是在原来小高畦形式的基础上,再挖马槽形小沟(深15~20厘米,下底宽15厘米,上口宽20厘米),在沟里播种、栽植蔬菜,让幼苗在沟里生长一段时间,待晚霜期过后将苗引出膜外。这样可把生产季节提

二、沟畦栽种地膜覆盖栽培

前,使喜温怕冻的蔬菜做到霜期内播种、定植,并在膜下生长一段时间,实现早栽种、早收获。但是,因为沟小,开沟、播种、栽苗等作业操作不方便,费工时,又引起对此种形式的进一步改进。用种子直播时,在小高畦上开5～10厘米的小沟,进行点播菜豆、豇豆等。而栽棵的蔬菜,则用沟底宽50厘米左右、上口宽67厘米左右、沟深约20厘米的马槽形大沟,将苗栽种在沟内靠沟底两侧的部位(每沟栽种2行蔬菜),有时也可用于种子直播的蔬菜。有的地区称这种沟畦栽种地膜覆盖栽培为"改良式"地膜覆盖栽培。由于有些蔬菜幼苗较高,而沟深又不超过20厘米,移栽后,为了不让苗尖和上部叶子接触地膜,以防霜冻危害,又采取半卧式(斜向)栽苗,有的地区称此方式为"卧式栽培"。对这种方式,虽然各地名称不同,但都有以下共同特点:畦上有大小不同的沟,幼苗、种子都栽种在畦沟里,地膜都是先当"盖天"(盖住一部分空间)使用,种子、幼苗均有一段时间在膜下发芽、生长的过程,必须等过了晚霜期后再将幼苗引出膜外,这时地膜由"盖天"变为"盖地"。从以上特点看,这种在大小沟里播种、栽苗的地膜覆盖栽培方式,叫做"沟畦栽种地膜覆盖栽培"比较确切一些。

沟畦栽种地膜覆盖栽培方式,主要特点是地膜先当"天膜"用,对膜下面的沟畦起到一定的保温、防寒作用,使喜温而不耐低温霜冻的蔬菜,比露地或小高畦地膜覆盖栽培的时间提前10～20天,使播种的种子或移栽幼苗在霜期内处于畦沟和"天膜"的保护下,能正常发芽、出土、生长,有利于抢时间、争季节,实现早种、早栽、早生、早发、早熟。所以,在春季晚霜期未过,温度偏低,还不能进行露地栽培的时间里,采用这一方式栽种喜温、怕冷冻的蔬菜效果较好。华北、东北的不少地区,在初春季节里就常用这一方式进行蔬菜生产。北京、天津、大连、沈阳等地应用面积较大。1990年春,北京市郊区的应用面积约占每年地膜覆盖栽培总面积的40%～50%。其中,四季青乡要求春菜凡是能使用这种方式栽培的都要采用,以争取较高效益。最近几年来,这种栽培方式已在全国广为应用,已发展成为春菜获得早熟、高产、高收入的措施。

在北京、大连等地,常年的晚霜期约出现在4月20日前后,育苗移栽的番茄、茄子、甜椒、黄瓜等蔬菜,往往要在4月20日晚霜过后进行露地小高畦地膜覆盖栽培。改用沟畦栽种方式后,则可以提前到4月5日前后(自然气温已稳定通过7℃),按顺序先后定植番茄、茄子、甜椒、黄瓜及播种芸豆、架豆等,一般都不会产生低温、霜冻危害。但仍要随时注意天气变化,防止大幅度突然性的降温天气袭击,并认真按此种方式的技术操作要求去做,才能确保安全生产,防止天灾造成生产损失。

沟畦栽种地膜覆盖栽培还必须注意到其技术本身的缺陷。如做畦时往往将耕作层内的大部分肥沃熟土培到畦埂上,沟畦内的沃土层变浅,栽棵蔬菜的根系分布部位落到生土层中；蔬菜生长发育到中、后期，有一部分枝叶和果实处在沟畦内的位置，造成田间、植株的通风、透光条件不如地膜覆盖小高畦好；茄果、瓜、豆类蔬菜的门果、根瓜等离地表近，若不严格按照有关技术要求管理，难免使生产出现问题和损失。如幼苗被霜冻危害，根系生长发育不良，生育中、后期因通风透光不良诱发严重的病害，多雨季节因排水不良造成严重涝害等。应用中必须十分注意扬长避短，以利于充分发挥这一方式的早熟、高产、多收益的优势。

（一）栽种前的准备

1. 提前准备好壮苗　沟畦栽种地膜覆盖栽培的定植时间，在早春季节里可比常规露地和地膜覆盖小高畦栽培早10～20天，育苗也相应提前10～20天（指在相同的育苗方法情况下），所以要注意抓好栽种前的低温炼苗工作，以提高幼苗抗寒等抗逆性，才能适应早定植的需要。同时，茄果类、瓜类幼苗不能像露地栽培时那样用带大花大蕾的壮苗，而要用带小蕾的壮苗。否则，栽种到沟畦里会因保温条件好而很快开花，此时又因有天膜阻碍而操作不便，很难使用生长素蘸花保果，则会引起落花落果，降低坐果率。所以，要使植株赶在晚霜期过后或将天膜改成地膜后再开花坐果，这样的幼苗和时间就恰到好处了。另外，要尽可能多准备一些幼苗，使按计划栽种的面积、密度所要求的用苗数有一定的保险系数，以备万一出现突然降温，幼苗受冻造成缺苗时能及时补栽。若没有苗补栽,受冻面积又较大时,只好改种,这就会打乱生产计划,耽误农时,经济收益将会受到损失。

2. 必要的物资准备　沟畦栽种地膜覆盖栽培,除了与常规露地栽培一样要准备好种子、壮苗、有机肥、化肥、农药等以外,还要准备好宽度适合于此种栽培方式应用的地膜和防止地膜在沟畦内下塌需用的小号竹竿,以及50～70厘米长的木桩(每畦要3～4根)或铅丝等物资。因为此种方式要求栽种和盖膜等作业需在同一天内完成,若栽种完毕的幼苗不能当天盖膜,处在露天的情况下过夜,出现霜冻天气时会把刚刚栽下的幼苗冻坏。所以,不事先准备充足的物资,就无法及时进行定植、播种。

3. 坚持深耕土地　采用沟畦栽种方式,在整地做畦时,耕作层内的大部分沃土被培到畦埂上,沟畦内栽苗的部位土层变浅,而且苗坨往往栽在生土层的部位。所以,一定要坚持深耕土地27厘米以上,并在栽培沟内施入充足的腐熟有机肥,并深扦沟,以使栽种后的蔬菜根系有深厚、肥沃的土层,形成有利于根群生长、活动的土壤环境条件。

(二)各种沟畦栽种地膜覆盖栽培方式的应用

1. 一个沟畦栽种2行蔬菜的地膜覆盖栽培

(1)整地　在土地深耕完毕,按计划挖好田间排灌沟,平整完地扇后,按各地区耕作习惯和不同种类蔬菜所需不同大小的畦口要求,进行拉绳、踩线,标定出畦口大小的界线。在田间耕作较粗放、人少地多的地区,整地时要

二、沟畦栽种地膜覆盖栽培

力争按土地等高线分片平整土地,以创造良好的浇灌排水条件,最少也要做到地块不平畦内平,有利于浇水均匀,避免同一地块出现旱、涝不均的情况。

(2)做畦　做畦以前要根据地膜幅宽,先决定是采用单幅地膜顺畦沟覆盖,还是横跨畦沟盖地膜,然后再决定怎样做畦。

第一种:单幅地膜顺畦沟覆盖的做畦方法。在每一个畦的2条界线中间部位起土往两边堆放,挖成底宽约50厘米、深20~27厘米、上口宽约67厘米的马槽形栽培沟(图2-3)。按此规格,可选用1.2米幅宽的地膜。

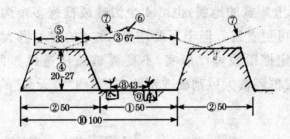

图2-3　马槽形沟畦栽培横切面示意图　(单位:厘米)
①沟底宽　②埂底宽　③沟口宽　④埂高　⑤埂顶宽
⑥竹竿或铅丝　⑦地膜　⑧苗距　⑨苗坨　⑩畦口宽

这种沟畦的规格,可根据不同作物的要求变换畦口大小和栽培沟的宽窄,在做到合理密植的情况下进行调整,不要只做一种规格。如图2-3为1米畦口的规格,适合栽种番茄、甜椒2种作物。若栽种黄瓜、茄子,其畦口要扩大到1.33米左右。这种方式的畦沟和畦埂基本上为等距离分布,即畦口大小、栽培沟大小和畦埂大小基本上统一规格。要求做完畦后将畦帮土拍打结实,防止出现塌帮埋苗。

第二种:地膜横跨沟畦覆盖的做畦方法。栽培沟的形状仍是马槽形,主要区别在于畦埂要做成一大一小,一低一高,以便在大畦埂上取土压牢地膜。小畦埂高于大畦埂,当作地膜支撑物,用于代替第一种形式中的竹竿或铅丝功能。地膜覆盖成屋脊形,防止因积雨、雪而下沉。其他做法与单幅地膜顺畦沟覆盖的做法、要求相同。以2米宽距离设置2个沟畦,实质上仍是按1米1畦的安排(图2-4)。按此规格,可选用2.2米幅宽的地膜。如果有4米以上幅宽的地膜,也可4个沟畦或横跨多个沟畦同时覆盖,可更省工。但千万要注意,北方的春季因大风天气多,一定把覆膜埋严压实,不要弄破造成透风。否则,容易造成覆膜被大风刮破或刮跑,起不到"盖天膜"的作用。

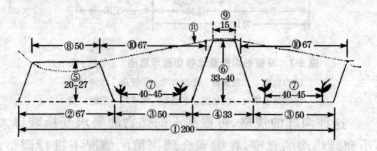

图2-4 横跨沟畦覆盖地膜横切面示意图 (单位:厘米)
①两个畦的畦宽 ②大畦埂底宽 ③沟底宽 ④小畦埂底宽 ⑤大畦埂高 ⑥小畦埂高 ⑦苗距
⑧大畦埂顶宽 ⑨小畦埂顶宽 ⑩沟口宽 ⑪地膜

二、沟畦栽种地膜覆盖栽培

(3)施足基肥 将农家土杂肥、过磷酸钙等肥料混合均匀,一起堆沤腐熟后撒施于栽培沟内,也可以每667米²加施5~7.5千克硫酸铵等速效氮肥当基肥。施用麻酱渣、棉籽饼、豆饼等有机肥做基肥时,一定要堆沤腐熟后再施用。由于此方法栽培的苗坨栽种部位已达生土层,生产上更应该强调深施优质基肥。

(4)扦沟 把肥料均匀施于栽培沟畦内,用四齿、镐头等农具进行深扦沟,以便把肥料和土混合均匀。沟底的土层一定要扦得深一些,使根系有较深厚的活动土层。这是沟畦栽种地膜覆盖栽培方式中很重要的一项措施。若基肥不足又不深扦沟,会妨碍根系的发展,从而影响植株生长发育和作物产量。

(5)播种和移栽 完成扦沟的工序后,用种子直接播种的豆类等蔬菜,便可在沟畦内靠近畦帮的两侧,按穴(株)距要求直接进行点播。育苗移栽的各种蔬菜,一般幼苗可达20~27厘米高,几乎与沟畦的深度相等,若直立种植,幼苗尖及上部叶片则将顶贴到薄膜,当遇到低温霜冻时,会因薄膜内壁水分结冰而冻伤幼苗,晴天的午间因薄膜高温又易烤伤幼苗,都会产生伤苗现象。所以,在移栽时要使苗尖及其上部叶片与薄膜间保持有7~10厘米的距离,保证幼苗在沟畦内能正常生长一段时间仍不致顶贴着薄膜。在沟畦内栽苗时应将幼苗生长点朝向灌水口方向呈半卧式(斜向)栽植,以加大苗尖端和上部叶片与地膜间的间距。若沟畦做得较浅,幼苗又较高时,可

第二章 蔬菜地膜覆盖栽培应用技术

在每个沟畦的两端和中间部位插上几根高出畦帮17~20厘米的木桩,桩顶上顺沟畦捆绑上竹竿或铅丝,使地膜覆盖成中间高、两侧低的屋脊状;或在沟畦中间部位用细竹竿顺沟畦方向按拱形扦插成小棚架,拱形架最高部位高出畦帮17~20厘米,再将地膜覆盖成小拱棚形状。这样便能保持幼苗尖端和上部叶片与地膜间有20厘米左右间距,即使栽植后在沟畦内正常生长10多天,也不会顶贴到地膜,避免因霜冻、高温造成伤苗。

(6)覆盖地膜 单幅地膜顺沟畦覆盖时,在每个沟畦两端和两侧或一侧的畦埂上,挖深10厘米左右的小沟,选幅宽大小合适的地膜,按先两侧、后两头的顺序,把地膜四边埋入畦埂四边的小沟内,不论是沟畦较深的平盖还是沟畦较浅盖成屋脊状,都要使地膜绷紧,四边埋严后踩实。采用横跨多个沟畦覆盖地膜的方法,当畦为东西向时,要采用南北向横跨沟畦盖地膜,按由东往西的顺序一幅接一幅覆盖,两幅地膜接茬处为西边一幅压在东边一幅上面,重叠约10厘米;沟畦南北走向的,为东西向横跨沟畦覆盖地膜,按由南往北的顺序一幅接一幅地盖膜,两幅地膜的接茬处应有15厘米宽的重叠,北边一幅压住南边一幅。操作时,要注意在每一幅膜铺开后,接着在每一个沟畦的大畦埂上挖土压埋在大畦埂的覆膜部位,使大畦埂上变成压膜沟形状(也出现沟)。按以上操作法覆盖出的地膜,在两幅间是西压东和北压南,当刮西北风时,膜的接茬口为顺风向而不是逆风向,可减少干冷的北

二、沟畦栽种地膜覆盖栽培

风或西北风掀起地膜或刮跑、刮坏地膜,相应地减少冻苗机会,减轻生产及地膜投资等损失。

(7)浇足底水 沟畦栽种地膜覆盖栽培,要求栽种、盖膜等农活于当天完成,地膜先当天膜(盖空间部分)用,再由盖天改成盖地,其间一般需经过15～20天以上,此期间内往往不进行浇水、中耕、施肥。所以在栽种时要一次性浇足定植水或先浇底水、后播种,使覆膜后的地膜内层(朝地一面)常处于结露状态,这样的沟畦内湿度大,沟畦内温度的变幅小,有利于防止因温度变化过大而冻、烤幼苗。

(8)选用幼苗 小高畦地膜覆盖栽培的蔬菜,在晚霜期过后及时定植才能保证安全生产,要求栽种带有大蕾的壮苗,以便在栽种后很快缓苗、开花、结实等,以达到早栽、早发、促早熟的目的。而沟畦栽种地膜覆盖栽培,栽植期在终霜前的15～20天。幼苗在晚霜期之前的膜下沟畦里生长时间较长,如果栽种带有大花蕾的苗,会很快开花、坐果,这时由于膜下沟畦内的高温(北京郊区在4月上旬晴天的中午可达40℃以上),茄果类蔬菜会因在膜下不便于用植物生长调节剂蘸花而造成坐果率低;又易遇到降温天气而引起授粉不良,出现落花落蕾多,甚至出现畸形果多等问题。故要求沟畦栽种地膜覆盖栽培要种植带小花蕾的壮苗,并在定植前加强低温炼苗,培育出具有较强抗逆性的粗壮秧苗,使其在栽种后于沟畦内生长发育一段时间,促使幼苗早扎根、早缓苗、正常生长,至终霜

第二章 蔬菜地膜覆盖栽培应用技术

后再开花。此时即可将天膜改成地膜,便于用生长调节剂蘸花、保果,以提高坐果率,获得更理想的效果。

2. 小高畦沟栽地膜覆盖栽培　是在小高畦的基础上再开小沟栽种蔬菜的方式。这种方式适于育苗移栽的蔬菜。与沟畦栽种地膜覆盖栽培方式一样,可使喜温蔬菜提前在晚霜期内进行栽植,同样能实现早栽、早发、促早熟的目的。如番茄、大椒、茄子等,都能采用这种方式早栽。大连、沈阳市郊区应用这种方式早栽的番茄,在同品种、同样管理水平下,比小高畦地膜覆盖栽培增产多、效益高,特别是早期产量、产值的增加尤为明显。

基本做法是:在完成耕地、平整地块、挖好排灌水沟渠、施基肥等作业的基础上,做小高畦,畦高约20厘米、宽90～110厘米,保持小高畦两侧边略呈直立状,不要做成拱圆状的畦面;以离小高畦两侧各约25厘米处为中心,用平底小号铁锨挖出上口宽约20厘米、下底宽约15厘米、深为15～20厘米的马槽形栽苗沟2条,按不同种类蔬菜的穴(株)距要求,把苗斜栽(半卧状)于沟内,使苗尖端朝灌水口方向,再盖好地膜(图2-5)。如栽种番茄,可在第一花序下留2～3片叶,再将下部的茎、叶全部埋入土中(即比普通栽培要深栽4～5片叶),防止栽种后的苗尖和上部叶片很快长到顶而贴地膜,以减少冻、烤伤苗。茄子、大椒等类蔬菜苗也要斜栽,以增加苗尖与地膜间的距离。

采用小高畦沟栽地膜覆盖栽培,要处理好以下几方

二、沟畦栽种地膜覆盖栽培

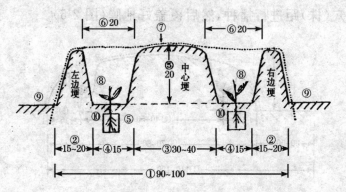

图 2-5 小高畦沟栽地膜覆盖栽培横切面示意图 （单位：厘米）
①畦宽 ②边埂底宽 ③中心埂底宽 ④沟底宽 ⑤畦高
⑥沟口宽 ⑦地膜 ⑧幼苗 ⑨畦间沟 ⑩苗垛

面的问题：一是要尽可能做到土地深耕27厘米以上，以加深耕作层，利于发根；二是做畦、挖栽苗沟应尽力做到认真、细致、准确，防止塌帮埋苗；三是基肥和底墒水一定要充足；四是在晚霜期内栽植，缓苗后要注意在地膜上对准苗基部位打孔放风炼苗，避免突然将苗引出膜外而不适应。

3. **小高畦沟种地膜覆盖栽培** 小高畦沟种地膜覆盖栽培，与前面所介绍的小高畦沟栽地膜覆盖栽培的差别，在于开沟播种时间稍有提前，畦式可做成向阳坡式，也可以把沟改成坑式进行播种。

（1）开沟及播种 按照深耕地、平整地、开灌排水沟渠、施基肥、浇底墒水、做小高畦的作业顺序，在小高畦两侧离畦边约15厘米处的播种行部位，开2条深6～10厘米、宽10厘米左右的播种沟，于沟内按不同蔬菜所要求的穴(株)距进行播种,然后覆盖好地膜(图 2-6)。

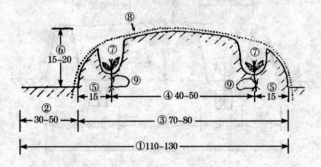

图 2-6 小高畦沟种地膜覆盖栽培横切面示意图 (单位:厘米)
①畦口宽(北京) ②畦间沟 ③畦面宽 ④种子间距离
⑤种子离畦边距离 ⑥畦高 ⑦播种沟 ⑧地膜 ⑨种子

这种方式比较适用于用种子穴播的蔬菜,如各种豆类蔬菜。需注意的问题是:地膜要覆盖严实;种子发芽后能在坑内生长 7~10 天;将幼苗引出膜外以前要对准播种部位将地膜打孔,放风炼苗,防止未经炼苗而将幼苗突然引出膜外;幼苗引出膜外后,将膜孔周围用土埋压严实,防止大风掀开、刮跑地膜。

(2)播种时间　春季播种豆类蔬菜,小高畦地膜覆盖栽培要求在晚霜期内播种,晚霜期过后出苗,以免幼苗遭受霜冻危害。改用小高畦沟种地膜覆盖栽培,则可在当地晚霜期前 10 天左右播种,出苗时间 3~6 天,沟内生长约 1 周。待幼苗长到上部幼嫩叶片和尖端快顶到地膜时晚霜期已过,可在正常晴天时,破膜(打孔)炼苗 3~5 天,即可放苗出膜。因此,这种小高畦沟种地膜覆盖栽培比

二、沟畦栽种地膜覆盖栽培

不开沟的小高畦地膜覆盖栽培,播种期可提早10天左右,也是有利于春季抢早熟的一种有效栽培方式。

如果小高畦上不是开沟,而是按不同品种所要求的穴距挖5~10厘米深的播种坑,坑口直径8~10厘米,将种子播种在坑底,也与小高畦沟种有同样效果,做法亦基本相同。目前,这种小高畦沟、坑播种豆类的方法,在北京郊区经过试验以后,已被群众所认识,应用面积在不断扩大。

4. 向阳坡畦面地膜覆盖栽培 在没有地膜以前,不少地区采用向阳坡畦面的小高畦方式栽种瓜类、豆类等作物,尤其在西瓜的种植上应用面积更大一些。因为我国的地理位置在北半球,春季的太阳位置偏南,把东西走向的栽培畦做成南低北高、朝南的向阳畦,可以提高对光能的利用率,使地温增高,以加速早出苗、快长苗,这也是"春抓早"的一种有效方法。加盖地膜后,能进一步加强光能利用,达到更高的栽培效益。也有不少地区在夏季、秋初,为避免太阳暴晒,降低栽培畦地温,采用南高北低的"背阳畦"栽种蔬菜。北京郊区在7月底、8月初种植白菜类叶菜时,就有采用"背阳畦"方式进行栽培的,这是由于幼苗期处于温度相对较低的条件下生长,能有效地抑制病毒病的发生,从而获得更高的产量。

向阳畦的畦式可分为2种,即向阳坡面平整的平面畦和坡面中、下部开沟或打坑的沟、坑畦2种方式(图2-7,图2-8)。后者比前者又可提前7~10天播种,促使作物更加早熟。

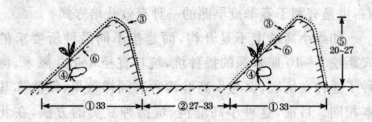

图 2-7 向阳坡平面畦式横切面示意图 （单位：厘米）
①畦底宽 ②畦间沟宽 ③地膜
④种植部位 ⑤畦高 ⑥向阳坡畦面

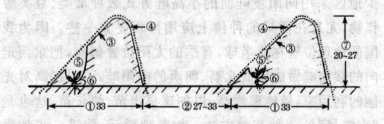

图 2-8 向阳坡沟、坑畦式横切面示意图 （单位：厘米）
①畦底宽 ②畦间沟宽 ③向阳坡畦面 ④地膜
⑤播种、栽苗坑 ⑥种子、栽苗部位 ⑦畦高

(1)做畦方法 在保证瓜菜作物合理密植的前提下，各地区可根据当地气候条件、耕作习惯和作物不同要求，对畦面坡度、畦高、畦宽、畦间沟大小进行调整。向阳坡畦的畦面则可以是斜坡式平面，也可以在斜坡面下半部再开沟或挖坑。

(2)播种或栽苗 向阳畦坡面是斜坡平面畦式的，可

二、沟畦栽种地膜覆盖栽培

在晚霜期内播种,终霜后出苗,以保证安全生产,避免霜冻伤苗。要根据当地晚霜出现日期和不同品种在当地的出苗天数来确定具体播种日期。育苗移栽的蔬菜中,耐低温、霜冻的茎、叶类蔬菜,可在无霜期内定植,获得早熟高产;不耐寒的茄果类、瓜类、豆类蔬菜,可在晚霜期过后及早定植。向阳坡畦面上开沟或挖坑的畦式,因幼苗能在沟或坑内生长1周左右,所以采用播种的,可比斜坡平面畦再提前1周左右播种。采用育苗移栽的,要因不同品种的幼苗素质、耐低温程度和生长速度的差别来确定在晚霜期内提前栽种的日期。一般提前7~10天播种,提前5~7天栽苗,在不出现大幅度降温情况下,可以保证秧苗不受冻害而安全生长。需要注意的问题:一是不论斜坡平面或沟坑式的,播种、栽苗位置要在斜面中间偏下的地方。二是斜坡平面畦式播种的,出苗后应及时破膜放苗出膜外,膜孔,包括栽棵的栽苗孔,必须用疏松潮湿土壤埋严。三是向阳坡开沟、打坑播种或栽苗的,播种时其沟宽、深各10~17厘米即可。若是育苗移栽,则视不同品种及秧棵大小而决定沟、坑大小。一般情况,栽番茄、甜椒的沟宽13~17厘米、深20~27厘米,半卧式栽苗;栽茄子及黄瓜的沟稍宽些,而沟深稍浅些。四是挖坑栽苗的方式,由于工序繁杂、细致,用工多,在人多地少、精耕细作的地区,栽种的面积多些,其他地区栽种的面积较小。这种方式在生产中同样要处理好秧苗尖和上部叶片不顶贴地膜问题,坑的宽、深要比苗开展度和高度大些。五是沟、坑栽苗和播种的幼苗在出膜前，均要打膜孔放风炼苗3～5天，再让苗长出膜外，同时，膜孔周围要用土埋严。此外，沟、坑部位可适当培土，使坑、沟变浅，以利于增加活土层，起到固苗护根的作用。

三、小高畦矮拱棚地膜覆盖栽培

经过多年的生产实践证明，小高畦矮拱棚地膜覆盖栽培对喜温怕霜冻的茄果类、瓜类、豆类蔬菜是比较理想的一种覆盖栽培方式。这种方式综合了小高畦地膜覆盖栽培和沟畦栽种地膜覆盖栽培2种方式的优点，同时克服了它们单独使用时的缺点。这种方式的栽种畦，为沃土层深厚的小高畦，地膜能先当天膜，有防寒、保温等效果，可以使各种茄果类、瓜类、豆类蔬菜，提前到晚霜期内10～15天播种和定植，克服了小高畦地膜覆盖栽培不能使蔬菜提前到晚霜期内出苗（播种的）和定植的缺点，也克服了沟畦栽种地膜覆盖栽培单独应用时，各种蔬菜生育中、后期和进入雨季后，因栽培沟畦内荫蔽、湿度大、通风透光不良等引起的多种病害和增加烂果等缺点。因此，这是一种有发展前途的栽培方式。在需要抗低温、防霜冻的广大地区，可对这种方式加以利用和发展。生产中有以下2种方法。

（一）地膜先盖天、后盖地的方法

按小高畦地膜覆盖栽培的田间作业顺序，在做成小高畦和播种、定植后，先不覆盖地膜，而是用小竹竿、紫穗

三、小高畦矮拱棚地膜覆盖栽培

槐枝条、铁盘条等材料,在小高畦上扦插成高约50厘米、稍大于小高畦宽度的矮拱棚架,选择幅宽合适的地膜覆盖在矮拱棚架上面,四周用土将地膜埋严、压实。待晚霜期过后(要预防春寒天气突然降温和出现霜冻),将天膜揭开,撤掉矮拱棚架,进行一次松土、除草、追肥,再把撤下的天膜变成地膜,覆盖在畦面上,至蔬菜生产周期结束。

(二)同时覆盖地膜和天膜的方法

这是在小高畦地膜覆盖栽培的基础上,加上矮拱棚盖天膜,即在同一时间内既覆盖地膜又覆盖天膜的方法(图2-9)。小高畦矮拱棚地膜覆盖栽培方式,比小高畦和沟畦栽种地膜覆盖栽培方式单独应用要增加棚架物,多

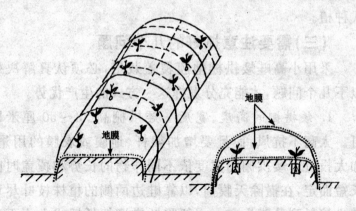

图2-9 小高畦矮拱棚地膜覆盖栽培示意图

一层薄膜等费用投资。但是,这种方式能促进早熟,前期产量和产值有明显增加,生育中、后期又能减轻多种病害,利于防涝、保秧,生产损失小。相比之下,经济效益增

加相当明显。不少单位利用这种方式栽培,比露地、小高畦、沟畦栽种每 667 米² 产值至少增加五六百元,管理好的,甚至可增收千元以上。如果天膜不使用新的地膜,而用从大、中、小塑料棚上撤下来的棚膜,其厚度比地膜增加 6～7 倍,保温防寒效果更好,又能做到"废物"再利用,不增加生产投资。北京郊区已大力推广这一提高经济效益的有效方式。如果双层盖膜方式中的天膜所使用的是新地膜,必须在撤除天膜后挪到其他茬口蔬菜上使用第二次,以降低生产投资,防止浪费。这种应用方式,在我国长江流域及其以北的广大地区,均已成为广泛应用的生产手段,在春菜上用来抢早、争效益,如北京四季青乡规定茄子、大椒、番茄、花椰菜 4 种蔬菜必须采取这种方式种植。

(三)需要注意抓好的几个问题

采用小高畦矮拱棚地膜覆盖栽培,必须认真解决好以下几个问题,才能充分发挥这一方式的生产优势。

1. **矮拱棚的高度、宽度** 矮拱棚高 33～50 厘米即可。太高不抗风,而且要增加架杆、地膜或农膜的用量,加大投资。矮拱棚的宽度依不同作物的长势和覆盖时间长短而定,在撤除天膜前,以靠畦边两侧的植株枝叶尽量减少接触到薄膜为宜。一般将矮拱棚架扦插成上小下大的形式,下部顺小高畦宽度的两侧边缘开始扦插棚架即可。棚架扦插得越高、越宽,其投资就越大,经济效益则降低。但是,在竹竿较长、农膜较宽时,也可进行跨畦或

三、小高畦矮拱棚地膜覆盖栽培

多畦覆盖天膜。总之,要因物制宜,不必拘泥于某一种形式。

2. 撤除天膜覆盖前的放风炼苗 撤除天膜覆盖以前,必须采取打膜孔或在畦南侧揭起部分薄膜进行放风炼苗。膜孔或揭起薄膜部分要由小到大,逐渐增加通风量,使幼苗从适应"膜内气候"到适应露天气候,有一个逐步过渡过程。绝不能在未经放风炼苗的情况下突然撤除天膜,以免增加幼苗死亡。炼苗时间一般为5~7天,时间长一些更好。

3. 放风和撤除天膜覆盖的时间 一般在播种出苗后或定植后5~7天,植株真叶已展开或缓苗后开始生长时,即可放风炼苗。撤除天膜覆盖的时间,要根据不同地区、不同作物和不同天气情况而定。北京地区常年平均温度于4月9日稳定通过10℃,晚霜日期出现在4月20日前后。用薄膜盖天的覆盖保护栽培喜温蔬菜,于4月5日开始到4月15日间,按番茄、甜椒、茄子、黄瓜的顺序先后定植,一般能保证安全生产,不会出现大量冻伤、死苗的情况。在特殊年份,终霜期后移,大幅度降温,如果幼苗的天膜保护已撤除,则会造成大面积严重损失。如1984年春,北京地区晚霜期延迟到4月27日凌晨才出现,最低温度为-3℃,采用小高畦、沟畦以及小高畦矮拱棚地膜覆盖和露地栽培的2 000多公顷豆类、番茄、甜椒、茄子、西葫芦等蔬菜,均遭到严重冻害,不少单位大面积毁种、改种,因而推迟了生产季节,造成了较大的经济损

第二章 蔬菜地膜覆盖栽培应用技术

失。所以,凡是进行薄膜盖天方式的保护栽培,在撤除天膜覆盖以前,一定要坚持在盖天膜期间做好加强放风炼苗,以提高幼苗的适应能力。不同作物的抗低温和耐高温能力不同,撤除天膜要根据各自的不同特点,做到有先有后。喜温怕霜冻的蔬菜要在确保晚霜期过后再撤除天膜。有的蔬菜覆盖天膜时间可延长到晚霜期过后 10 多天再撤除。如番茄比甜椒、茄子等耐低温,开花坐果时间较早,又要用植物生长调节剂蘸花保果,在 4 月 5 日前后栽植的番茄,天膜覆盖到 4 月底至 5 月初开始开花时,才可撤掉。而甜椒、茄子等蔬菜比番茄更喜温、怕霜冻,要推迟到 5 月 15 日前后再撤除天膜为佳,更有利于促使蔬菜早栽、早发、促早熟。总的来看,春季覆盖天膜的时间为 25~35 天,有的长达 40 天。

4. **撤除天膜改为地膜覆盖的做法** 小高畦矮拱棚地膜覆盖栽培方式中,已覆盖地膜的,其撤下的天膜应挪到其他覆盖形式中使用。有天膜而无地膜的,可把天膜改为地膜用。因撤天膜时,植株已生长得相当高大或枝叶茂盛,有的将要开花或已开花,此时采用打膜孔掏苗出膜的做法,势必碰到掏苗困难,操作速度慢、工效低,又易折断枝叶或碰掉花、果等问题。为了克服这些困难,减少伤苗等损失,可改用"苗侧套盖"的覆膜方法:即在揭开天膜、撤掉矮拱棚架后,尽快地进行一次松土、除草或追肥,将小高畦畦面平整好,把地膜顺畦摆放在小高畦上两垄栽植行的中间,并拉直地膜。然后两人一组,蹲在小高畦的两侧，横向拉开地膜，使膜边对准秧棵基部的位置，用剪子横向剪开地膜，顺膜缝套住苗，往畦两侧向外边拉出地膜。若一个人干活时，可以先套完一侧再套另一侧。套苗后把地膜边缘靠畦边埋严、压实，剪开的地膜套苗缝处，也要用土埋严。采用这种方法，可大大减少损伤植株的枝、叶、花，速度较快，铺得较平整。但是，要做到地膜贴紧畦面、不松散、不倾斜也较困难，必须尽力细致操作。

5. 小高畦矮拱棚地膜覆盖的防寒、保温效果　小高畦矮拱棚地膜覆盖栽培方式，其防寒、保温效果比小高畦地膜覆盖栽培的效果好得多，正常管理操作情况下，能防止地上部植株受低温、霜冻的危害，但比沟畦栽种地膜覆盖方式的防寒、保温效果要差。因此，这种方式在生产应用中，蔬菜的播种和定植时间，应安排在上述2种方式的中间，以保证安全生产。

四、平畦近地面地膜覆盖栽培

平畦近地面地膜覆盖栽培，是操作简便、行之有效的一种地膜覆盖栽培方式，越来越广泛地应用于生产。在华北、东北、西北地区用种子撒播，没有严格行距、株距要求的各种蔬菜，几乎都普遍采用这种方式覆盖栽培，如小白菜、小油菜、小红萝卜、茴香、茼蒿及其他早春小菜等。在北京郊区除小油菜大量育苗移栽外，一般都在2月下旬至3月上中旬进行露地直播，采用平畦近地面地膜覆盖栽培，地膜覆盖时间为20~30天，4月中下旬即可收获上市,比常规平畦露地栽培在五一节前后采收,可提前10～15天,一般每667米²产量能增加500千克以上。覆盖小菜撤下来的地膜,仍可挪到其他各种春播露地蔬菜上当地膜使用。

(一)春季蔬菜平畦近地面地膜覆盖栽培

做法是:在完成土地平整、挖出田间排灌水沟渠后,在地扇内按各地耕作习惯采用的畦口大小,依据地膜的幅宽,安排好合适的畦口,做成畦埂高于栽培畦床面的平畦。在畦内施足基肥,并将肥料、畦土混合均匀、搂平,划沟条播或撒播种子。用已准备好的过筛细土撒于床面把种子盖严,并浇足底水。为提高出苗率,可先浇底水,待水渗下后即行播种,再覆土盖严种子。然后,在每个畦上按33～67厘米距离,横跨畦面扦插竹竿起拱(中间高于两边),苗床土面距离竹竿13～20厘米。把地膜铺盖在竹竿上,四边拉紧并埋入畦的四面畦埂上,使地膜不会因雨、雪压垂至畦表面,影响幼苗正常生长(图2-10)。

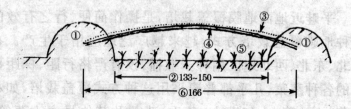

图2-10 平畦近地面地膜覆盖栽培横切面示意图 (单位:厘米)
①畦埂 ②畦面宽 ③地膜 ④拱杆 ⑤幼苗 ⑥畦口宽

四、平畦近地面地膜覆盖栽培

因为这种覆盖跨度大,地膜轻,为防止薄膜被大风刮跑、刮破,一般都在薄膜上再插些竹竿,使薄膜夹在上下两层竹竿中间,使之更牢固。生产中一般采用166厘米畦口,133~150厘米的平畦畦面,选用160~170厘米的地膜覆盖。

这种栽培方式要注意以下几个问题。

1. **覆盖时间的长短和放风炼苗** 覆盖地膜时间的长短和放风炼苗管理,要依当地、当时的具体情况而定,不同的蔬菜也应有所不同。如小油菜、小白菜、小水萝卜比小茴香、茼蒿的覆膜时间可长些,尤其是茎、叶兼用的茴香、茼蒿等菜,一般真叶展开后就要放风炼苗,并逐渐加大通风量。覆膜时间最长不超过30天。如果到收获前才撤膜,会因秧苗得不到充足阳光和通风换气,而出现光合生产率下降,积累干物质减少,并且在高温、高湿的环境下,蔬菜秧苗生长速度快,变成茎细长、叶薄、色淡,长势弱而不壮,产量低,质量较差,经济收益也随之减少。

2. **防止突然撤膜** 生产实践证明,在撤除地膜前采取逐渐加大通风量的炼苗办法,是夺取优质高产的关键措施。由于膜下高温、水足,幼苗生长速度很快,但苗不粗壮,抗逆力差,未经放风炼苗前,突然碰到低温、霜冻天气来临,会大量冻死苗,造成生产损失。露地栽培,虽然出苗、生长都较缓慢,但抗低温、霜冻的能力强,遇到同样天气,就会少死苗或不死苗。这些事实说明,作物对环境条件有很强的适应性,只要环境不是突然变化,而有一段

第二章 蔬菜地膜覆盖栽培应用技术

缓慢变化的过程,就不会影响正常生长发育。这是生产中应十分注意的一项管理措施。

3. 防止雨、雪压膜下塌伤苗　各种早春小菜在覆膜栽培期间,遇到下雨或下雪是难免的。若雨、雪后不及时检查并采取措施,雨水和雪积存在地膜上,使地膜将幼苗压贴到畦面上,被压时间短的要重新直立后才能生长,被压时间长的往往使幼苗不能再直立起来,而被捂成浅黄苗或出现成片死亡,造成很大损失。可在畦上扦插一些竹竿起拱,使苗膜间有 13～20 厘米空间距离,或在雨、雪天气时,将积存在地膜上面的雨、雪及时清除掉,或在膜的低处和积存雨雪的地方扎洞,让雨水和雪水流入畦里,防止压膜下沉。

(二)越冬根茬蔬菜平畦近地面地膜覆盖栽培

华北、东北、西北的一些地区,近年来采用平畦近地面地膜覆盖栽培方式,保护越冬根茬蔬菜越冬,应用面积越来越广。如果应用得当,保苗、防病、增产、早熟的效益很明显。北京郊区的越冬根茬菠菜早在 1981 年开始应用这一栽培方式进行试验,面积只有几分地,1983 年则扩大到 318 公顷,占当年根茬菠菜种植面积的 23%。此后,这种栽培方式,逐渐发展成为越冬根茬菠菜实现越冬期防冻害,减少死苗,保证获得早熟、高产、丰收的重要措施,在三北地区已普遍推广应用。经多年的实践总结认为,根茬菠菜越冬期间盖地膜就很少死苗,解决了露地栽培时一般要死苗 20%～30%,甚至大量死苗造成大减产

四、平畦近地面地膜覆盖栽培

的问题。在正常情况下,比露地栽培上市时间约提前半个月,能增产30%以上。根茬菠菜等根茬越冬蔬菜,在越冬期间采用平畦近地面地膜覆盖栽培,要掌握好以下几个技术环节。

1. 把握住覆盖地膜的关键时间　越冬根茬菠菜播种后,在田间经过一段时间的生长,到当地的土地封冻后即停止生长,转入越冬期。如华北地区,常年出现土地封冻的时间,在每年11月下旬至12月上旬之间。覆盖地膜,要在当地的土地处于夜间冻结,出现表层为冻土层,白天出太阳后能逐渐化冻,浇水仍能较快下渗而不会形成畦面积水、结冰块的情况下进行,即土地处于"日消夜冻"时期为适宜盖膜时间。如北京郊区,9月下旬至10月上旬播种的根茬菠菜,生长到11月下旬的小雪前后,长势好的已有9~12片叶,长势差的有6~8片叶,在小雪前后为盖膜适期。但要注意盖膜时的天气,如果出现盖膜后仍保持较长时间(10天以上)不能冻地,则还要采取一些保护正常生长的管理措施,以免给生产造成不必要的损失,可参考下面越冬期的管理相关部分。

做法是:给越冬根茬菠菜浇1次越冬粪稀水,下渗后及时喷1次防治蚜虫的农药,以防止越冬蚜虫大量发生和传播病毒,然后再覆盖地膜。地膜四边压埋在每个畦的四边畦埂上即可。

2. 越冬期的管理　按正常天气变化,在覆盖地膜后,土地很快封冻,植株停止生长,只要能防止大风刮跑地

第二章 蔬菜地膜覆盖栽培应用技术

膜,无需进行其他田间管理,到翌年返青时再进行撤膜、浇水、松土、施药、追肥等。但是,有时会碰到已是土地封冻的季节,而盖地膜后却又天气返暖,还有较长时间的暖和天气,土地并不封冻,根茬菠菜在膜下仍继续生长。如碰到此种情况,就要采取补救措施。首先,在畦两头揭开地膜,进行通风(叫穿堂风)换气,不然会使苗捂得变黄弱。其次,是在土地再次出现日消夜冻时,要进行第二次浇冻水,补充第一次浇水后由于作物继续生长而消耗、蒸发的水分,防止越冬期缺水。最后,再把地膜重新盖严埋实。

3. 到翌年春天要适时撤膜 菠菜是喜冷凉的蔬菜,主要食用粗长的叶柄和肥大的叶片,嫩茎也可食用。根茬菠菜经过越冬期,翌春于土地开始化冻时,就开始返青生长,此时要及早撤除覆盖的地膜,让其随自然气温的不断回升而缓慢生长,才能长出叶柄粗长、叶片肥厚的高质量菠菜。如不及时撤除覆盖的地膜,就会因为水分足、气温高,促使菠菜快速生长,很快抽薹、拔节,结果是植株细小、黄弱,叶柄细长,叶片单薄、黄瘦,单位面积的产量低,品质差,甚至因高温而引起病毒病的严重发生。北京郊区在2月底至3月上旬为适宜撤膜时间。采用地膜覆盖方式栽培,主要是为了保持土壤水分,防止大风吹刮,以减少越冬根茬菠菜的损失和死苗,而不是靠保温、增温促使迅速生长来获得良好结果。

五、平畦地膜覆盖栽培

在引进地膜覆盖栽培技术以前,采用平畦栽种蔬菜,是长江以北广大地区传统的栽培方式。平畦,就是在翻耕、平整土地后,把栽培畦做成畦埂高于栽培床面的一种畦式(图 2-11)。

图 2-11 平畦畦式横切面示意图

平畦地膜覆盖栽培,就是在平畦里施足基肥,用平耙等农具将肥、土拌和均匀,再将栽培床搂平,最后在栽培床面覆盖上地膜的一种栽培方式(图 2-12)。应用平畦地膜覆盖栽培方式,操作时可以先盖地膜、后打膜孔栽苗,也可先栽苗、打膜孔掏苗出膜,再压埋膜孔。

图 2-12 平畦地膜覆盖栽培横切面示意图

这种地膜覆盖栽培方式,是前面所介绍过的各种方式中,作业最简单、用工最省的一种方式。但是,对于茄果类、瓜类、豆类和某些叶菜类蔬菜的栽培来说,也是效益最低的一种方式。因为这种畦式,浇水、追肥(液体)时

第二章 蔬菜地膜覆盖栽培应用技术

只能从地膜表面流过,由栽苗孔处慢慢渗入栽培床土中,每浇 1 次水肥后,地膜表面就必然淤积一层泥浆,水分蒸发后就变成泥土饼块,因而透光和增温作用最小。又因整个栽培床面都铺盖了地膜,肥水和雨水只能从栽苗膜孔渗入膜下土层中,因孔小而少,所以渗入速度慢,每当追肥水和下雨时,栽培畦往往因积存的肥水而出现"小水池"状;同时,这种畦式从种植到收获都无法松土。因此,追施肥水和降雨的次数越多、量越大,造成重力下压,使耕层土壤下沉的机会就越多,而土壤则越来越板结。这些情况对蔬菜根系发生发展是不利的,它的效益也是 5 种地膜覆盖栽培方式中最低的一种。在生产中,这种方式的实际应用比较少,对茄果类、瓜类、豆类和某些叶菜类蔬菜,只是在劳力紧缺或某作物确实需要赶季节、抢时间,短期内必须栽种完毕时才采用。然而,对某些栽种密度大,行株距较小,不便于采用畦垄栽种,又喜冷凉环境条件的蔬菜,采用这种平畦地膜覆盖栽培,能取得较好的效果,比露地栽培仍有较明显的早熟、增产作用。如栽培洋葱头、大蒜、越冬根茬芹菜和早春小水萝卜等蔬菜,也能取得良好效益。在常年干旱、少雨、阳光充足、蒸发量大的西北地区,内陆的丘陵、坡岗、山地、沙质土壤,以及水源不足、缺乏浇灌条件的地区或地块,应用平畦地膜覆盖栽培蔬菜,比露地栽培能起到节水的作用,并较有把握地获得早熟、高产。相反,在低洼、易涝、多盐碱、土质黏重、地下水位高、排水不良、降雨频繁及雨量大的地区和

五、平畦地膜覆盖栽培

地块,若采用平畦地膜覆盖栽培,则往往会因土壤水分过多和盐碱等危害,难于获得苗全、苗壮和长势良好的群体,不能达到早熟、高产的目的,甚至因盖膜后不便于田间松土、追肥等管理,可能出现比不盖地膜的露地栽培还要单产低、收益小的不良结果。

以上所介绍的5种类型的地膜覆盖栽培方式,已在各地大面积蔬菜栽培中取得良好的效益。除此之外,各地科技人员和农民群众,还在不断创新、总结、完善其他地膜覆盖栽培方式,促进生产的发展。如天津地区,根据黄瓜需要肥水较充足,而小高畦不便于浇水、追肥的局限性,又创新了地膜覆盖畦埂而不覆盖栽培畦心的方式(图2-13)。北京等地,还有在小高畦中间部位,即在2行栽植苗的中间开小沟,使黄瓜等蔬菜栽培期间需要浇水时,可由小沟内进行浇水,以满足需水量较大的蔬菜的需水要求。用此种方法对在高温、干旱的夏季栽培的黄瓜比较好管理。

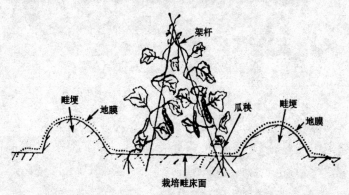

图 2-13 地膜覆盖畦埂而不覆盖栽培畦心方式横切面示意图

第二章 蔬菜地膜覆盖栽培应用技术

在地广人稀,劳力比较缺乏,耕作习惯相对比较粗放的地区,有的为了节省劳力和简化田间作业,采用高垄台盖膜栽种单行蔬菜的做法,也可以取得早熟、增产的效果,只是效益稍低一些。如黑龙江省的不少地区,人少地多,就往往用畜力(牲口)拉耢子起垄,覆盖地膜单行栽种各种蔬菜,而且每垄的长度有几十米、几百米不等,也取得了良好效果。

第三章 地膜覆盖栽培蔬菜的田间管理

各种蔬菜在采用不同方式的地膜覆盖栽培后与露地栽培相比较,由于盖膜后的光、温、水、肥、土、田间小气候等各种栽培环境因素变得较优越,促使根系发育良好,根系发达,生活力强,进而促成地上部分生长速度快,枝叶较繁茂,植株长势健壮,生育周期提前,达到早熟、高产的良好效果。但是,任何事物都有两重性,各种形式的地膜覆盖栽培,除了具有各自的优点外,也都有各自的不足之处,需要采取相应的措施加以克服,以便更好地做到扬长避短,避免给生产带来不必要的损失。为此,应着重抓好以下几项管理措施。

一、及时扦插支架

有一些蔓生、半蔓生型的蔬菜,如架豆、架豇豆、黄瓜、苦瓜、番茄等,露地栽培要有支架才能正常生长。在采用各种不同形式的地膜覆盖栽培后,由于栽培环境条件变得比露地栽培优越,加快了生长发育,因而扦插架杆的时间要比露地栽培提前1周左右,否则会影响正常管理作业的进行。如架豆、架豇豆,若不提早扦插支架,会出现秧蔓爬地生长,或秧蔓互相缠绕成"编辫"。到那时才扦插支架,一方面很难把已"编辫"的秧蔓分开,另一方面人工引蔓上架易损伤秧棵、枝叶和花,而且费工、费时。黄瓜、番茄等蔬菜如不提前扦插支架,秧苗爬地生长,不利于正常生长发育,甚至引起早期病害或出现长势变弱。另外,春季栽培常碰到大风天气,提前扦插支架,早捆绑固定秧棵,有利于增强抗风能力,避免摔伤秧棵。

二、抓好放风炼苗

地膜覆盖栽培蔬菜,在第二章中已介绍过 5 种以上的栽培方式。其中凡是采用薄膜先盖天的覆膜栽培方式的,在将天膜改成地膜覆盖或在撤除天膜覆盖之前,必须认真抓好放风炼苗工作,以便幼苗逐渐适应由保护栽培过渡到露地栽培的气候条件变化。注意通风量要逐渐由小到大,扎膜孔由稀到密。若揭膜通风,其通风口也要由小到大,以便使覆盖条件下生长发育的幼苗,经过逐渐锻炼变成能适应露地条件下生长发育的秧苗。切忌不经过放风炼苗就突然撤除天膜,即不可由覆盖栽培突然改变成露地栽培,以免造成冻伤、损坏和死苗等。

实践表明,在撤除天膜覆盖后的一段时间内,要随时注意收听当地气象台站的天气预报,若当天夜间或次日早晨将出现降温、霜冻天气时,可在当天下午或傍晚给菜田浇水,往往能减轻低温、霜冻的危害。

三、防止生育中、后期出现早衰

采用地膜覆盖栽培的蔬菜,由于栽培环境条件变得优越,茄果类、瓜类、豆类蔬菜的前期产量明显增加,因而要吸收、消耗更多的养分,以满足建造营养体和商品产量的需要。据各地反映,地膜覆盖栽培的茄果类、瓜类、豆类蔬菜,生育中、后期易出现早衰问题。不少研究单位试验结果说明,中、下等肥力地块,施肥不足时,生育中、后期蔬菜的各种生理指标衰减快,生活力减退也快,产量低,秧蔓枯萎死亡的时间早(采收、供应期短)。在高肥力地块,施用优质肥充足、追肥及时的情况下,生育中、后期仍能保持较旺盛的生活力,蔬菜的各种生理指标衰减速度慢、时间晚,产量高,供应时期长。生育中、后期加强追肥,能促使后期提高产量,延长生育期和采收供应时间。这些情况表明,早衰与作物生育中、后期营养不良成正相关。这就要求在肥料的施用方法上,做到适应地膜覆盖栽培的特点,可采取以下几种方法。

(一)一次性施足优质有机肥

在整地做畦或栽种时,应坚持一次性施足优质基肥,每 667 米^2 施用 4 000 千克以上,其中迟效性肥料占一定比例。若每 667 米^2 加施氮磷钾复合肥做基肥时,增产、保秧效果更好。

(二)追肥的施用

追施速效氮肥,要采取少量多次的方法,即少施、勤施,避免一次追肥量太大,尔后又多日不追施。凡是能较快溶解成液体的肥料,一般都可随水追施。追施麻酱渣、豆饼、棉籽饼等固体有机肥需先堆沤腐熟,然后同固体化肥一样,可在植株行间的四穴(株)蔬菜的中心部位打孔埋施,位置要离开茎基部10厘米,施肥后用土埋严。在基肥充足的前提下,中、后期追肥要占全期追肥总量的2/3左右。生育中、后期用0.3%~0.5%尿素、磷酸二氢钾溶液,或1%过磷酸钙溶液,或各种优质叶面肥等肥料溶液,每15~20天进行1次根外追肥(喷洒在植株茎、叶上),对促进蔬菜中、后期增产,延长供应期,也有良好作用。

(三)配套塑料软管灌水技术

1990年,中国农业工程研究设计院环境室,研制成功在地膜覆盖栽培条件下采用塑料软管配套使用施肥器,凡具有自来水灌溉和一切可溶成液体的肥料,都能用施肥器把肥料施入作物根部,使用方便,省工、省力,安装方法简单。与目前推广应用比较多的引进外国的节水技术(滴灌)相比较,技术效果可达同等水平,但设备投资成本最少节约50%以上,还能解决覆盖后的施肥困难问题。已在全国范围内推广应用,很受欢迎。

1. 对水源的要求 因软管出水孔极小,要求水质清洁、无杂质,以免堵塞出水孔造成无法灌水。如果用贮水

三、防止生育中、后期出现早衰

箱、桶做贮水设备而自流灌水时,则要求贮水箱、桶放置在与地面有 1 米以上的落差之处,才能利用水的压力实行自流灌水。如果水源为输水管道,则棚室内与此系统的主水管接通后,引到灌溉地面的适当部位,再安装上流水量控制闸阀,以调节流水量,防止自流水的压力过大,将塑料软管撑裂等问题的产生。如北京地区最初采用日本式塑料软管灌水方式,以容积 1 米^3 以上的大塑料桶做贮水器,也有用大洋铁桶(汽油桶)、水缸、水泥池代替,其容积最少在 0.5 米^3 以上。将贮水桶架设在离栽培床面 1～1.5 米高处,以自然落差所产生的压力使贮水箱内的水不断流入塑料软管中而形成自流喷出,达到灌水的目的。在灌溉面积较大而集中的地区,也可采用压力罐式进行浇水,即机井房配备压力罐,容积约 8 米^3,将地下水通过电机不断地抽入罐中,给罐中加压力到 196.13～490.33 千帕(2～5 千克力/厘米^2),即可实行大面积自流灌水作业。凡是有自来水设备的温室、大棚、露地的地膜覆盖栽培,均可实行塑料软管自流灌水作业。

2. 设备的有关配件　塑料软管灌溉系统,包括 6 分粗的自来水输水管、闸阀(开关)、水表、塑料管或橡胶管、三通或旁通、堵头、塑料软管带等基本设备。为省工、省力、方便,还可以加装"文丘理"施肥器配合使用。塑料软管一般用直径 4～5 厘米的软管带,管带上每隔 25～30 厘米打出水孔 2 个,可双向打孔双向出水或单一方向出水,并需选用黑颜色塑料软管带,若用蓝色管带则使用期间在管壁处很容易生长绿苔,会很快堵住出水孔而无法实现自流灌溉。

3. 组装 将水源引到地头、棚室的一端或中间,如果塑料大棚长50米以上时,出水口最好设在中间的位置(25米),向两头分别流水,出水口距地面高度30~50厘米。接装入输水管道闸阀、水表,按栽培畦距离需要装上三通或旁通,再接上塑料软管带,把软管带末端打结扎牢或用堵头堵死。这些组装完成后便可试灌水,如顺利畅通,则可投入使用。按图3-1组装即可。

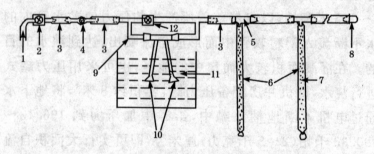

图3-1 塑料软管灌溉部件组装示意图
1. 自来水进口 2. 开关(闸阀) 3. 塑料或橡胶主输水管
4. 水表 5. 三通或旁通 6. 塑料软管带 7. 塑料软管带的出水孔
8. 输水管末端堵头 9. "文丘理"施肥器 10. 水中杂质过滤装置
11. 肥料或农药溶液槽 12. 调节水流闸阀

一般塑料软管带铺设在2行栽培作物的中间。如在水表和第一道塑料软管带之间并联式安装上"文丘理"施肥器后进行配套使用,即可实现浇水、施肥半自动化操作,既省工、省力、方便,效果又很明显。

在配套使用"文丘理"施肥器时须注意以下几个问

题:一是"文丘理"施肥器安装时必须使箭头标志方向与水流方向一致,才能顺利吸入水、肥料或农药溶液,倒装时不能吸入;二是调节闸阀在浇水时要开大量;三是施肥时使调节闸阀大小能达到吸入肥水的比例合适时再固定;四是肥料、农药一起施用时,过滤器应分别放入肥料和农药溶液槽中;五是使用压力最好用29.42~49.03千帕(0.3~0.5千克力/厘米^2),压力太大会缩短塑料软管灌水带的使用寿命,压力太小在塑料软管带的长度超过30米时,在30米以后的部位,可能因水流压力不够出现出水少而浇水不足的问题。

4. 塑料软管灌水及其配套的相关农业技术

(1)高畦　设施园艺、地膜覆盖栽培采用塑料软管灌水技术,应尽量配合使用高畦栽培,以便提高早春、春季和晚秋栽培作物地温,并加厚作物根系生存、活动的熟土层,创造对作物生长发育更有利的温度和土壤条件,为丰产奠定更好的基础。

(2)地膜　采用高畦地膜覆盖栽培,主要是土壤蒸发面积变小,使棚室内的空气相对湿度下降7%~14%,形成不利于病菌孢子发芽的小气候环境,从而使栽培作物发病减少、发病时间推迟和病情指数降低(即发病较轻),大大减轻因病害造成的产量和经济效益的损失。当然,地膜覆盖栽培,还有增温、保墒省水、保持土壤耕层较疏松、保护根系不裸露等多方面的作用。

(3)施肥　因为覆盖地膜后追施固体肥料较困难,除了应用配套"文丘理"施肥器追施液肥方便省力外,追施固体肥料只能揭膜施肥。施肥后再把地膜覆盖好,或者在行株间的空隙处进行膜上打孔施入根际,然后把施肥孔再用土盖严。这些方法费工、麻烦,还容易引起断根、伤根、烧根等现象的发生。所以,最好的办法是一次性施足优质长效基肥,即施足优质农家肥加上磷钾肥,混合均匀,经过堆沤及充分腐熟后,在整地、做畦时一次施入,达到量足、营养元素全面、肥效时间长的效果。若再采用配套的"文丘理"施肥器追施化肥,则完全可以达到省工、省时、保证肥效的施肥目的。这是目前作物栽培上施肥的最简单、方便、有效的方法。

(4)稀植 常规栽培法的栽培密度取决于环境条件和叶面积指数,以及栽培管理水平。合理密植,既能充分利用阳光,植株又不过于荫蔽,能使作物生长健壮、病虫害减少,并取得最佳产量。因为设施栽培采用塑料软管灌溉技术,配合采用高畦、覆盖地膜栽培,使用"文丘理"施肥器等配合技术后,作物栽培的环境、土壤等条件比不盖地膜、沟灌时大大改善,使作物病虫害少、生长发育强壮、根系发达。若不缺肥早衰,作物寿命会延长。为了使作物在生育期间不出现因长势好而互相遮荫,一般要比常规栽培密度低一些,如棚室内栽培黄瓜、番茄等,常规栽培密度为每667米^2 4 000~4 500株,采用高畦、盖地膜、塑料软管浇灌后,其密度可减少10%左右,即每667米^2 3 600~4 050株即可。

这就是说,栽培技术改变后,应考虑到相关因素的改变,对栽培作物所带来的影响,要采取必要的措施,克服不足,充分发挥技术优势,以获得最佳产量、产值效益。

四、防止作物倒伏

对需要有支架栽培的瓜类、豆类蔬菜和番茄、茄子及恋秋栽培的甜椒等茄果类蔬菜,覆盖地膜比露地栽培的秧棵长得较高大、坐果多、产量高,因而支架和植株负荷重,出现支架塌趴、植株倒伏的比例一般都比露地栽培大,特别是到生育中、后期遇到风雨天气时,趴架、倒伏的情况更多,以致造成较严重的减产。为了减少趴架和倒伏现象的发生,应区别情况采取相应措施。

(一)支架要牢固

对有支架栽培的蔬菜,要尽量选用较新鲜、结实的竹竿等架材。扦插架材底脚的行间距离稍放宽些(斜度大些),插入土中的部分要深些;支架上部的架嘴要捆绑牢固。黄瓜绑蔓时要改用"弓"字形方法,以延缓秧棵爬至架顶的时间,减少支架中上部的重量,防止"头重脚轻",从而减轻风害。

(二)茄果类蔬菜防倒伏方法

对于茄子、甜椒,在露地栽培时就提倡浅栽、高培土等方法,以防倒伏。覆盖地膜后,尤其是采用小高畦地膜覆盖栽培,生育期间不便于培土防倒伏。在这种情况下

第三章 地膜覆盖栽培蔬菜的田间管理

可采用以下一些办法。

1. 适当深栽苗坨　采用小高畦地膜覆盖栽培时,应将苗坨栽得深一些,把部分茎叶埋入土中。

2. 适时培土　采用盖天形式的,可在撤除天膜改地膜以前,结合清垄、追肥进行培土,然后再把地膜覆盖好。

3. 及时排水　当雨季来临前,应尽早将田间排水沟疏通好,保证下雨时排水畅通,雨后田间不积水,既可减少雨水浸泡造成沤根而增加死秧率,也可减少倒伏。

4. 插杆、围栏防倒　检查田间植株群体,如发现长势旺盛、确易倒伏的地块,可按墩插架固定植株,或在栽培行两侧斜插交叉架材固定住植株,或在每个畦的四周架设栏杆,以防倒伏。

五、及时防治病虫害

各种形式地膜覆盖栽培的蔬菜,虽然植株长势比较健壮,抗逆力提高,多数表现出病株率低,病情指数小,某些虫害发生少。但是,地膜本身并无杀菌、灭病、除虫的特殊功能。相反,覆盖地膜后由于光、温、水、肥、土等条件变得比露地栽培优越,有些病虫害的发生也随之变早或增多。不少地方的调查表明,覆盖普通透明地膜的地块,比露地栽培蚜虫发生时间有偏早的趋势,虫口密度也较大;因基肥足、地温高,金龟子的幼虫——蛴螬的发生时间早,有时增多,咬根危害的时间往往提前;沟畦栽种地膜覆盖栽培的番茄,中、后期往往由于通风、排水不良,田间湿度大,易诱发叶霉病、晚疫病、乌心果等病害。因此,在栽培管理上仍要坚持按常规病虫防治的要求,做到预防为主,加强对病虫害的预测预报工作,及时使用农药进行防治。千万不要因覆盖地膜后某些病虫害的发生、危害程度轻,就忽视或放松病虫害防治工作,若等病虫害严重发生后再去做补救性的农药防治病虫的工作,则为时已晚,会给生产带来无法弥补的损失。

六、坚持地膜一盖到底

蔬菜采用地膜覆盖栽培,是在作物生育期的某一阶段撤掉覆盖的地膜(指盖地膜而不是指盖天膜),还是直到生育周期结束才撤掉,曾有过不同的认识。有人认为覆盖地膜后,不少地块均出现膜下杂草丛生,与作物争光、温、水、肥,应揭膜除草,不再覆盖。有人认为,膜下出现杂草丛生现象,主要是盖膜质量不好造成的,生长一段时间后作物封垄遮荫,便可抑制杂草生长。有的菜农认为,盖地膜后有杂草滋生时要揭膜除草,又不方便追施肥料,蔬菜长至封垄后地膜覆盖已不再有大的作用,为了方便作业,覆盖的地膜待植株枝叶封垄后则可撤除,中、后期不必再覆盖地膜。

这些认识和做法到底对不对呢?各地的试验说明,地膜覆盖地面后,还是一盖到底比中途撤膜的增产效果好,而且撤膜越早,减产越多。因为除了杂草、温度这2个因素外,坚持覆膜到生长周期结束的整个生育期中,地

第三章 地膜覆盖栽培蔬菜的田间管理

膜还始终起到保持土壤水分、使土壤疏松不板结、防止露根和保护根系,以及促使肥料发挥作用和减少流失等多方面的良性效应。所以,还是坚持一盖到底为好。对于膜下草多的情况,可以采取使膜紧贴地面、封严栽苗、播种膜孔的方法来抑制杂草滋生,也可以用除草剂来防止出现草荒。如每667米^{2}地用48%氟乐灵乳油或甲草胺乳油120~150克,对水60升喷施畦面,防杂草的效果都很理想,而且氟乐灵和甲草胺都属于广谱性除草剂,对绝大多数蔬菜无药害,对人畜也十分安全,可以普遍推广。其中氟乐灵在使用时要注意2个问题:一是喷洒畦面后要使药液与土混合一下,混入3厘米内的表土层,才能真正发挥除草效果。不然药液在土表面易被太阳照射而光解,失去药效。二是黄瓜等瓜类蔬菜用种子直播时,最好用药后过3~5天再直播,否则会出现轻微药害而影响出苗,因为药易被瓜类菜的芽鞘吸收而抑制发芽速度。育苗移栽则无药害问题,可放心使用。追肥困难问题,可通过一些方法加以解决,如用固体肥料时,可在4棵植株的中间部位打孔穴施。虽然费工,但施肥集中,效果好又不浪费。凡能溶解成液体的肥料,可随水浇灌。若采用塑料软管灌溉加配套使用"文丘理"施肥器的,虽然每667米^{2}菜田每茬多了几十元投资,但这项增加的投资由省工、增产效果等完全能弥补过来,并且还有富余,这已被各地生产实践证明。

总之,在没有创造出对作物生育期中比盖膜更好的

六、坚持地膜一盖到底

方法以前,看来还是不撤除地膜,一盖到底的方法较好。除非使用者通过当地多次、多点的科学实验证明,在某些地区的特殊气候条件下,如温度太高、雨水太多、地势过于低洼易涝等,因整个生育期间覆盖地膜会造成蔬菜中、后期生育不良,影响增产,增加病虫危害等会使生产带来较大损失的特殊地区,可以在生育中、后期撤除地膜覆盖外,一般情况下还是不要中途撤除地膜覆盖为好。

第四章 18种蔬菜地膜覆盖栽培技术要点

地膜覆盖栽培技术是在露地栽培的基础上，随着变化了的情况，而采取的相应栽培管理措施。现将各类蔬菜地膜覆盖栽培的技术要点介绍如下。

一、番茄地膜覆盖栽培技术

番茄采用地膜覆盖栽培比露地栽培在同品种、同苗龄、同定植期、同样管理的条件下，表现出生长快、分枝早、长势旺等特点，生产者要根据这些特点采取相应的管理措施，否则可能出现营养生长过旺，与生殖生长失调，或坐果率下降，到生长后期还可能出现早衰，达不到早熟、高产、多收的栽培目的。

（一）品种选择

我国地域辽阔，气候、土质多样，耕作及人们食用习惯等差异较大，各地可根据当地的试验结果，选择适合当地地膜覆盖栽培的品种，不必强求一律。同时，要求各地重视选用适应性强、对栽培有利的高产、优质、高抗的"两高一优"新品种，以获得丰产丰收。如北京地区，不论春季或是秋季栽培番茄,极少选用果型小、自封顶的早熟品种类型,而多选用强丰、鲜丰、中蔬4号、佳粉、双抗号等中熟品种。如做保护地早熟栽培时,只留2穗果;露地栽培留3穗果,最多留4穗果;保护地的大、中、小棚及温室栽培,也只留2～3穗果。这种做法,是适应北京地区土壤肥力不足及7月中旬至8月上旬的气候炎热、多雨,不适宜番茄生长发育,而且病害多,市民喜食中果型、粉果等特点而选择的。

(二)选用适龄壮苗

春播露地茬和地膜覆盖小高畦栽培的番茄,定植期在春季晚霜期过后,为促早熟,要求用大龄壮苗定植,可栽即将开花的苗。

沟畦栽种的番茄,定植时要用带小蕾的苗,因为幼苗要在沟畦里生长20天左右才到晚霜期,过晚霜期后才能撤去覆盖的天膜,若用带大蕾的苗则晚霜期未过就已开花,此时天膜还未撤除,不便用植物生长调节剂蘸花保果。

小高畦加矮棚栽培的番茄,要栽带中等大小花蕾的苗,因其定植期在前述2种方式的定植期中间,苗龄过大,栽后很快就开花,不便蘸花保果。若苗龄过小,晚霜期过后迟迟不能开花,则失去早栽、早发、促早熟的意义。所以,要根据不同栽培方式,各地晚霜期出现的时间,培育出适龄壮苗,以达预期的栽培目的。育苗移栽的,在操作技术和各种条件适宜时,正常情况下,中熟类型的品种，苗龄80天，可培育成带大花蕾的壮苗；苗龄60天，可培育成带小花蕾的壮苗；苗龄70天左右，能培育成带中等大小花蕾的壮苗。这样的育苗时间段，可作为育苗时选择苗龄时间长短的参考数据，应用于晚熟品种或早熟品种时，育苗的苗龄时间可相应地适当延长或缩短10天左右来掌握。

（三）整枝打杈

番茄的侧枝分生能力较强，覆盖地膜后侧枝的分生和生长速度比露地栽培时快而多，若不及时整枝打杈，会出现营养生长与生殖生长失调，造成植株繁茂而果实数量少个头又小。所以，番茄采用地膜覆盖栽培时，整枝打杈要比露地栽培提前1周左右进行。以主蔓留作结果的类型，当第一、第二个侧枝长到6～8厘米时，进行第一次整枝，掐掉侧枝的顶尖，只留叶片，不让侧枝再继续生长和开花结果。以后每当侧枝长到3厘米左右时就打掉，不要留大侧枝，以减少养分消耗。若整枝打杈不及时，定植后1个月内可以长出7～8个侧枝，每个分枝都可能与主茎一样粗壮，并能同时开花坐果，会出现果多而小，没有商品价值。进行双蔓整枝的，即主蔓和一壮侧枝当作结果枝的，当第一、第二侧枝长到6～8厘米时，只选留最粗壮的1个侧枝留作结果枝，其他侧枝按上述要求及时打掉。但要注意第一次整枝打杈过早也会影响光合作用，制造的营养物质少，植株不健壮，相应的根系弱，吸收养分、水分少，反而不利于抗病、丰产。

(四)用植物生长调节剂蘸(喷)花保果

栽培番茄用生长素蘸(喷)花保果,是一项行之有效的增产措施,特别是春季气温偏低、风大的地区,常因低温、大风而影响坐果率。用植物生长调节剂蘸花,可防止花柄处纤维素水解形成离层而脱落,能起保花、保果的作用。如用 30~50 毫克/升防落素(也叫番茄灵,化学名称为对氯苯氧乙酸)药液直接喷花。左手戴上手套,以食指与中指夹住花序,右手持小喷子向花上喷药。此药对叶片等不产生药害。

用防落素蘸(喷)花保果,要求留几穗果就蘸(喷)几穗花,不能只蘸下部 1~2 穗花。上半部花序不蘸(喷)花,会出现坐果率降低、果实膨大速度变慢、商品果小等问题。每穗花序在开放 2~3 朵花时蘸(喷)1 次,不必开放 1 朵蘸(喷)1 朵,以减少用工。不可等到花序开放 4~5 朵时才蘸(喷)花,因早开放的花蘸(喷)花偏晚,则花果有时保不住。坚持每穗花序蘸(喷)2~3 次就足够了,既省工时,又能取得良好效果。中熟品种每 667 米² 栽种 4 000~4 500 株,每株留 2~3 穗花,每穗保收 4 个果,每 667 米² 即可收获 5 000 千克以上。

用植物生长调节剂蘸(喷)花保果,在适宜使用浓度范围内,应用时还要考虑蘸(喷)花时期的温度。当连续晴天高温时,使用浓度应偏低一些;若温度偏低或环境不利于开花结果时期,则使用浓度要偏高一些,效果会好些。但是,使用浓度不可过高,以免出现畸形果和叶片卷曲的不正常现象。要强调指出：留种田的番茄，千万不要蘸（喷）花保果，因生长素对籽实发育有不良影响，产籽量也少，不能繁种，也影响出苗。

（五）水分管理

番茄苗期要控水防徒长，进行蹲苗促扎根，到第一穗果开始膨大、结束蹲苗前，若土壤干旱，也只能浇小水。5月份需使土壤经常保持湿润。进入6月至生育期结束，则要防止高温、干旱，防止诱发病毒病。但是，雨后排水不良，土壤经常处于过湿状态，特别是田间积水超过6个小时，因土壤缺氧，则易引起沤根、死秧，也容易引发叶霉病、晚疫病等病害大发生。

（六）沟畦栽种番茄的管理

1. **定植苗龄** 栽植苗龄要比露地栽培和小高畦地膜覆盖栽培时小些，用带小蕾的苗就可以，以防撤天膜以前在沟畦里开花，造成蘸（喷）花不便，误了适时蘸（喷）花期，也可避免撤天膜时因操作而损伤花朵。

2. **放风炼苗** 撤天膜前1周开始放风炼苗，使幼苗锻炼得老壮些，以适应撤天膜后的露地栽培环境条件。

3. **撤除天膜的做法** 选择无风晴天，把天膜从一侧掀开，并靠放在畦一边。先拆除拱架，进行番茄培土，使马槽形的畦尽量扩大一些，把槽帮土一部分培到栽苗行中间，使畦形成小高畦状，并将畦表面尽量弄平整。然后将撤下的天膜放在2行苗中间，顺畦纵向放好，膜两边对准苗基部的部位剪开缺口，套住苗茎基部，将薄膜向畦两边抻出。一畦操作完后把膜抻紧,用土压实膜边,剪口用土埋严,即变成地膜覆盖小高畦栽培的状态。这样可使田间增加透光、通风,减少植株在沟畦里的荫蔽程度,埋入土中的一部分番茄茎秆上还能生长出一些不定根,而增强根系吸收肥水的能力,也有利于降低田间小气候的湿度,以免造成利于病害发生的环境条件。这样能促进植株长得更加健壮,更有利于夺取丰产丰收。

4. 生育中、后期管理　沟畦栽种地膜覆盖栽培番茄,到生育中、后期,特别是第一穗果实个头发足后,要把第一穗果以下部位的枯萎黄叶摘除,以利于通风和促果加速成熟。进入雨季前,要将田间杂草清除干净。浇水后要将畦口打开,同时清理好排水沟,使沟底低于栽培床面,保证雨后田间不积水,避免沤根、死秧,也可降低田间空气湿度,起到抑制病害发生的作用。

据各地试验和生产实践经验证明,番茄生育中、后期进行追肥,满足养分需要,有明显的增产作用。如北京地区试验,中、后期加强追肥,植株保绿时间长,可增产16%。所以,要改变番茄中、后期不追肥的习惯,以促进增产。其他管理措施则可按常规的管理习惯进行。

二、黄瓜地膜覆盖栽培技术

黄瓜在我国广泛栽培,随着栽培技术的提高和品种的配套,已能做到全年生产与供应,生产面积较大,尤其北方地区,春季在各茬口的地膜覆盖栽培中,促早熟、增产、增收的效果都很显著。

（一）品种选择

全国各地都有地方品种,基本都能适应地膜覆盖栽培。要从栽培目的、各地食用习惯、抗热或耐冷等特点加以选用。如北京地区,冬季加温保护地栽培,选品质好、产量高的北京小刺瓜、大刺瓜、农大12号等;冬、春日光温室(不加其他热源)栽培,选用抗寒性强的宝丰1号、长春密刺等品种;春季塑料大、中棚栽培,多选用色绿、质好、产量高的长春密刺、新太密刺;春季地膜覆盖小高畦栽培,则选用津研2号、津杂2号等;夏季地膜覆盖栽培,选用抗热、耐病的津研4号、津研6号、津研7号等品种;秋季大棚栽培,因气候渐冷,多选用秋棚1号。各地应在试验基础上,选出比较适宜当地不同季节和茬口栽培的品种,以便更好地发挥地膜覆盖栽培的增产潜力。另外,既有特色又适于地膜覆盖栽培的品种,已逐渐扩大应用,如产量高、瓜多、条小、籽少、味鲜,适于嫩采,供特需、旅游用的品种,如荷兰的"短"型黄瓜,日本的夏珊瑚、黄金女神等,外国人很欢迎,国内尤其是城市居民已习惯食用;瓜条小、嫩香,适于加工、腌渍的品种,也引起重视。

（二）育　苗

春季栽培黄瓜,北方地区均采取育苗移栽,除采用传统的地苗切坨法外,不少地方已采用营养土方、营养土纸袋或塑料筒、钵育苗,先进的已采用机械化、自动化流水线播种,用基质(草炭、腐殖土、蛭石等)加营养液、盘播盘

二、黄瓜地膜覆盖栽培技术

育的育苗方式。也有采用炉渣、炭化稻壳、蛭石等做基质,浇营养液而不带土坨移栽的育苗方式。地膜覆盖栽培夏、秋季多采用打孔直播。

1. **营养土配制** 营养土方要求"坚而不硬、松而不散",可按肥沃菜园土、猪圈粪、堆沤腐熟的马粪或草炭、大粪干(晒干、碾碎),以3∶3∶3∶1的比例混合而成。如无猪圈肥,可用城市垃圾代替。若将城市垃圾进行无害化处理、加工后再使用,则更有利于减少各种病虫害的传播及发生。应用时每立方米营养土要加500克过磷酸钙或250克三元复合肥,以补充营养;也可按混合粪、马粪、园田土4∶4∶2或混合粪、马粪、园田土、草炭土3∶3∶2∶2的比例配制。

2. **种子处理** 按常规方法采用温汤浸种催芽。其中,种子开始萌动而未出芽时进行低温处理,即在0℃～5℃处放12～14小时,再慢慢升温至催芽温度。进行两段式变温催芽,能提高种子生活力和幼苗抗逆力,有利于育壮苗。

3. **苗期管理** 除了苗床准备、播种、管理按常规育苗程序外,关键要抓好变温管理和倒坨工作。根据秧苗离热源远近、长相情况,调整苗坨位置,把小、弱苗挪到靠近热源处,大苗调到远离热源处,或大小苗分开管理,使苗达到均匀、粗壮。

定植前的壮苗标准:4～5片开展叶,胚轴短粗,节间短粗,叶、茎深绿色,叶片肥大,叶肉厚,子叶完整无损且肥大而厚,生长点周围的幼叶呈丛生状,嫩绿正常,根系粗壮、发达、色白,无病虫害。这样的苗抗逆力好,生活力强,易获丰产。管理中要避免高温、大水,以免培育成脆嫩、徒长、抗逆力差的不健壮苗供生产上使用,这会造成生产管理困难,降低夺丰收的可靠性。

夏、秋高温季节,黄瓜多数不育苗,而是采用小高畦地膜覆盖栽培,在畦上打孔直播,每穴播种子2~3粒,待幼苗长到2~3片真叶时,选留一棵粗壮无病苗,去掉多余的病弱苗。

近几年,为了控制黄瓜病害,不少地区采用嫁接法培育壮苗,对提高抗病力有良好的效果。即用黑籽南瓜做砧木,用靠接、斜接均可,技术熟练时,每人每天能嫁接1000~2000棵,成活率达90%以上。

(三)定　植

黄瓜的定植时间,以保证地温10℃以上为基础,再根据栽培方式、管理水平、时令季节来确定。北京地区,塑料大棚栽培黄瓜,春季单层覆膜的在3月20日前后定植,每加1层薄膜覆盖,可提前5~7天,如外层膜、二道膜、小拱棚、地膜4层覆盖时,能提前到3月初定植,若有临时加温措施和土温室,保证不冻苗的情况下,可在2月下旬定植。春茬小高畦地膜覆盖和露地栽培,于4月下旬至5月初定植。夏季露地、地膜覆盖栽培,则在6月末至7月初直播;秋棚黄瓜以7月底8月初直播。以上定植期,可保证达到安全生产,充分挖掘生产潜力,取得好效益。春季

二、黄瓜地膜覆盖栽培技术

黄瓜定植,避免栽得过深,只要苗坨上面能与地面持平即可,因春天耕作层土壤越深,温度越低,栽得过深,不利于发根和发苗。

(四)田间管理

1. 架形　黄瓜是喜温、喜光作物,要求通风透光条件好,最好用"人"字形架,有利于通风透光,比常规用4根架杆在上部一起捆住的捆架嘴方式增产10%左右。

2. 绑蔓　盖地膜后秧棵长得快而壮,为使秧棵延缓长至架顶的时间,以利于多结瓜结好瓜和延长采收期,春、夏季栽培可采用"弓"字形绑蔓法。即在秧棵长至30厘米以上时曲蔓捆绑,不拉直秧蔓进行捆绑,因黄瓜秧蔓长至架顶后,自然下垂的秧蔓结瓜,条小而少或长成畸形瓜。用"弓"字形绑蔓法能有效地延缓秧蔓长至架顶的时间。

3. 整枝　在温室、大棚等保护地栽培黄瓜时,因高度限制,架杆不可能高达2米以上,当秧棵长至架顶或在23～25个叶片时摘心,让侧蔓继续结瓜,每1个侧蔓留1条瓜,在瓜上部留2个叶片摘心。北京地区夏季栽培黄瓜,也有不用"弓"字形绑蔓的,顺其自然往上长,由于架杆比较高,摘心不便,而采用竹竿(木杆)敲掉顶尖的方法整枝,按前述做法可促使多结侧蔓瓜,大大提高单株结瓜数和单位面积内的产量。

4. 水肥管理　春季栽培黄瓜,定植时的主要矛盾是气温、地温偏低,为了有效地提高地温,定植时要浇小水或浇"埯水",即按株浇 0.5 升左右水,浇后封埯。缓苗水也要小,并于浇后及时松土增温。盖地膜时则浇后要及时锄畦沟。根瓜采收前开始灌水,以后不能缺水,要经常保持土壤湿润,夏季炎热更要早、晚浇水,且水量要大些,以满足黄瓜对水分的需求。一般在采瓜前下午浇水,次日晨摘瓜;伏天雨后最好浇 1 次清水,用于压盐、换气保秧。

黄瓜喜肥水,肥料不足则秧小产量低,特别是盖地膜后不便追肥,除使用配套施肥器外,只能随浇水施肥,或采用挖坑埋施。

(五)病虫害防治

主要虫害有蚜虫、红蜘蛛,可用 50% 抗蚜威可湿性粉剂或水分散颗粒剂,每 667 米^2 用 10~18 克,对水 30~50 升喷雾防治,也可用溴氰菊酯等农药来防治。另外,用 10% 阿维·哒螨灵 3 000 倍液,7~10 天喷雾 1 次,连续防治 2~3 次,防治效果达 90%。病害主要有霜霉病、白粉病、炭疽病。霜霉病,可用百菌清烟雾剂熏烟,或百菌清和三乙膦酸铝各 600 倍液防治;白粉病,除了加强通风、降低空气湿度外,用 50% 硫磺胶悬剂 300 倍液防治;炭疽病则可用百菌清 600 倍液,或多菌灵 800~1 000 倍液防治。我国要求生产无公害农产品,农资市场上新的农药产品层出不穷,务请菜农注意选用高效、低毒、低残留农药。

(六)需要注意的问题

第一,黄瓜夏季地膜覆盖栽培,在便于浇水的前提下,畦高保持 20～30 厘米,能减少雨涝死秧。

第二,直播每穴点籽 3～4 粒,2～3 叶时留壮去弱,留双株苗,多余苗用剪刀剪掉,不宜拔苗,以防伤害留用苗的根系。

第三,留苗密度为每 667 米^2 6 000 株,绑蔓时进行单株捆绑。

第四,播种后无雨天气,要三水齐苗。浇水不要淹没播种膜孔,以免盖膜孔的土变成"土饼"而影响出苗。

第五,膜孔的孔径不能小于 8 厘米,要用松土盖严,否则热气从膜孔处逸出,易烤伤幼苗的嫩茎,致使幼苗不能正常生长发育,甚至造成缺苗断垄,不能保全苗。

三、青椒地膜覆盖栽培技术

青椒根系再生能力弱,根系在土壤中分布浅,保护好根系是获得高产的前提,地膜覆盖栽培恰好能保护和促进青椒根系发育。所以,覆盖地膜的青椒,不少地区都创造了当地产量最高历史纪录。

(一)品种选择

全国各地有大量的地方品种。地膜覆盖栽培的品种可根据各地需求特点选择。如北京地区喜欢食用皮厚、肉脆、纤维少、无辣味的甜椒;东北地区喜欢微辣型品种;而江苏、浙江、江西、湖南、四川一带,则要求微辣至浓辣品种。

（二）育　苗

参照黄瓜育苗部分。

（三）本田准备与定植

覆盖地膜后因不便追施有机肥和固态化肥，而栽培青椒的地块又要求土壤疏松、透气性良好，有机质含量高。因此，要增施有机肥，以满足青椒对肥料（养分）的需求。在定植前把地做成小高畦，盖好地膜，用以烤地、增温，等待定植。栽培青椒的地块应选择地势高，灌、排水方便，最好3年以上未种青椒的地块，以达旱能浇、涝能排、减少病害发生的目的。

适宜的定植期，因各地气候而异，但小高畦地膜覆盖栽培必须在当地晚霜期过后才能定植，否则栽后的青椒幼苗会被霜打死。沟畦栽种地膜覆盖栽培等形式，凡用膜先盖天、后盖地的，可在晚霜期内定植，只要求开花期在晚霜期过后，就能保证坐好果，否则门椒坐不住，采收期推迟或减产。如北京地区不用天膜的甜椒4月20日后才能定植，使用天膜的可提前到4月10日开始定植。

根据北京市农业技术推广站所做试验的数据表明，小高畦地膜覆盖栽培的青椒，在北京地区曾创造出每667米^2 6000千克的高产纪录，其定植密度为每667米^{2}栽8000~12000株。在此种植密度范围内，其单株产量随密度增加而下降，而群体产量则随密度增加而增长，但过低或过密都不能获得最好的产量效果。可用1米畦口，小高畦覆盖地膜部位宽度为60~70厘米，畦上栽2行青椒,穴距33~35厘米,栽双株苗,每667米² 即可栽4 000~6 000穴,栽植8 000~12 000株。栽苗时苗坨表面要埋入小高畦地面下,膜孔用潮土埋严,栽后及时浇水,促进成活。

(四)田间管理

青椒有"四喜四怕"(喜光、温、肥、水,怕冷、热、瘠、涝)的特点。欲获丰产就要创造适于青椒生长的环境条件,而且在管理过程中要尽量做到满足"四喜"要求,避免"四怕"条件的出现。

1. 浇水　青椒栽培浇定植水后覆盖地膜的可以不浇缓苗水,以保持较高的地温,促进快长。北京地区4月下旬至6月上旬是青椒生长发育的第一个最适合时期,一定要使群体高度长至40厘米以上,并且枝叶繁茂长势健壮,能达到基本封垄,畦口没有裸露和曝晒的地面,开始采收门椒。同时彻底防治蚜虫。土壤要保持见湿见干;高温、干旱季节要在早晚浇水,以降低地温;大雨后注意排水,防止沟畦内积水,以免造成沤根死秧。因青椒的根系被雨水浸泡超过6小时以上,则会因缺氧气而出现大面积沤根造成死秧,所以栽培青椒的地块,一定要保证做到旱能浇涝能排,保持土壤疏松,田间不积存雨水,以经常保持土壤湿润状态为佳。天膜覆盖栽培的,要严格按第二章第二部分"沟畦栽种地膜覆盖栽培"的要求去做。

2. 追肥　青椒地必须有充足的养分,因盖膜后追肥困难,所以要采用少量多次的追肥法。第一次追肥,在门椒采收前后随水追施，以后最好水水带肥，少量勤施。5月底以前以追粪稀水为主，6月中旬至8月上旬之间以追施化肥为主。恋秋栽培的青椒，会有两个产量高峰期，即在5月至6月中旬和越夏后的8月中旬至10月上旬。其追肥可于8月下旬起追施粪稀肥。高温季节不施用粪稀，以免增加病害。盛果期进行根外追肥，喷施0.5%磷酸二氢钾和0.3%尿素溶液，或优质叶面肥，能有效地促进增产和减少病虫危害。

3. 防倒伏 青椒生长期间必须采取防倒伏的措施，盖膜后不能采用培土防倒法，当株高超过60~70厘米以上的地块，遇风雨天就会倒伏。所以，在6月中旬后，雨季来临前，要采取按穴插竹竿支撑植株，或在畦四周围栏杆等措施防倒伏。

4. 整枝 覆盖地膜的地块，如果出现植株长势过旺、枝叶荫蔽、结果少时，在门椒采收后，将第一分枝以下的老叶全部打掉，以利于通风透光。上部枝叶繁茂的，可将2行植株间向内生长并长势较弱的分枝剪掉。恋秋栽培的地块，在第一次盛果期过后，从第二次分枝处剪去北边的分枝，促发新枝继续结果，甚至能促使下部分枝结果，收获"回头椒"，是夺取高产的措施之一。

（五）病虫害防治

青椒的主要虫害蚜虫（它是病毒病的传播媒介）、烟青虫、棉铃虫均蛀果，降低商品椒品质，严重者可减产30%，用30%氰戊·敌敌畏乳油1 000~1 200倍液喷雾，防治效果较好。茶黄螨以危害叶片为主,近年来发生严重,可用阿维·哒螨灵 3 500 倍液喷雾防治,有较明显的防治效果。

病毒病是栽培青椒的大敌,生长前期在彻底防治蚜虫的基础上,同时采取防止干旱、加强水肥管理、避免重茬等综合防治措施。用 1.5% 二硫氰基甲烷 30 克,对水 15 升喷雾防治,有较好的防治效果;用 50% 氯溴异氰尿酸 2 000 倍液喷雾防治有特效。还要注意防治青枯病、日烧病、炭疽病等病害。

四、茄子地膜覆盖栽培技术

茄子采用小高畦和沟畦栽种地膜覆盖栽培,产量、经济效益非常显著。北京地区 1981 年采用小高畦地膜覆盖栽培,曾创每 667 米^2 产 5 500 千克的历史最高纪录。经多年考查,各种蔬菜凡是创造出地区性或全国性的高产纪录的典型,技术上几乎都与采用地膜覆盖栽培有密切关系。因其护根、增地温、保水的优点特别突出,尤其是春季栽培的获得早期产量增加表现十分明显。为了抢早上市,近几年对 6～7 叶早熟茄子,几乎都采用沟畦栽种地膜覆盖栽培,其次是采用小高畦地膜覆盖栽培。一般全期增产 30%～40% 或 40% 以上,早期成倍增产,此技术为我国广大菜农所青睐。

(一)品种选择

我国茄子的栽培品种很丰富,选用品种主要是根据各地食用习惯确定。如北京市的居民主要选食紫皮的圆茄,其肉嫩、籽少,猪肉烧茄片有特殊风味;辽宁等地的群众,则喜欢选食皮色浅绿的半长茄——柳条青茄;而吉林长春等地的民众食用习惯,主要是食用紫色长型线茄;广东、福建等南方地区,广大群众则多选食"头小屁股大"的紫皮色"牛蛋形"半长茄,其他类型的紫圆茄、半长茄、线茄等也有少量生产和销售。

(二)育　苗

主要根据种子特点采取相应措施。因茄子种皮较厚,透水性差,温汤浸种需 24 小时以上。浸种期要用双手捧籽揉搓,以去掉表面胶黏物(果胶质),并洗净。采用变温催芽。为节省育苗用地,可采用 2 次分苗法,1 叶 1 心期进行第一次分苗,3 叶 1 心期进行第二次分苗,若采取 1 次分苗,则要在 2 叶 1 心时分苗。茄子耐热、冷的程度比青椒幅度宽,适应温度范围大,播种后至出苗前苗床温度要在 30℃以上,夜间不低于 15℃,以促进早出苗、出齐苗。出齐苗后即行降温防徒长,子叶充分开展后要加强放风,使苗慢长。每次分苗后要增温促缓苗,缓苗后降温,使苗慢长;育苗期间若遇到连阴天时,则要防止温度过低、湿度大而死苗。

壮苗标准:子叶下位的茎直径 0.6 厘米以上,5～6 叶(早熟类型品种),叶片肥大,叶肉厚,茎与叶片紫色,株高 15 厘米左右,根系发达且白色根多,植株已现蕾,子叶完整且色绿。

(三)定植前的准备与定植

茄子定植前首先要确定地膜覆盖栽培形式。采用小高畦地膜覆盖栽培时,使地膜在灌溉沟(畦间沟)中重叠,使之地面不裸露,在靠近高畦的两边扎孔(栽苗坨的孔)。浇水时水从扎孔中渗入高畦内,可切断茄子褐纹病的传播途径,有一定的防治效果,还有利于雨季防涝害和春季增温保墒。若用沟畦栽种的畦式,只要地膜横跨沟畦覆盖便可,操作简便易行,效果又好。

定植期要根据地区气候、种植方式而定,如北京地区的安全定植期:大棚多层覆盖(包括地膜)于 2 月底至 3 月初定植;单层棚加地膜覆盖可在 3 月中旬定植;沟畦栽种地膜覆盖栽培也可在 3 月中旬定植;小高畦地膜覆盖栽培则在 4 月 20 日以后定植。只要地温稳定通过 10℃ 后,能防霜冻就可定植。其他做法同常规露地栽培。

(四)田间管理

除常规措施外,依其特点采取措施。其一,覆盖地膜后植株易长得高大,采用整枝技术可大大增加早期产量,即在门茄坐果后,摘除下部老叶和侧枝,"四门斗"茄坐果后,摘除顶尖,可加强通风透光,又减少养分消耗,增加果实的养分供给,促果实膨大。此技术能保证每株采摘 5~7 个茄果,每个茄果达 0.25 千克以上,则每 667 米^2 的产量仍能达到 5 000 千克左右。其二,若每 667 米^2 栽 4 500~5 000 株,长势又好的田块,采用"半边留枝法",即门茄膨大后,将第一分枝剪去一杈,使自然生长时的"对茄"变成第二"门茄",原"四门斗"茄变成"对茄",在"对茄"以上留三四片叶摘掉顶尖,保证每株收获4个高质量的茄子,总产量不受影响,则早期及总效益能大大提高。其三,用植物生长调节剂蘸花保果。因早春低温易造成坐果率低或产生短花柱而落花,可像番茄一样,在"门茄"、"对茄"开花时用植物生长调节剂蘸花保果(方法、浓度同番茄),收效甚好,北京地区已大力推广应用。

(五)病虫害防治

常发生的虫害有:蚜虫、红蜘蛛、茶黄螨、浮尘子。用常规方法及时除虫,均有好的效果。

病害有黄萎病、绵疫病、褐纹病等。

黄萎病又叫"半边疯"。主要表现在植株一侧(半边)的枝叶枯黄,不再生长,此病在全国各地均有严重发生,有的本田可损失苗40%以上。用10%多菌灵800～1 000倍液灌根,每667米²用原药250克即有一定防效,本田要连灌2次。也可用敌磺钠500倍液灌根。

绵疫病:在高温多雨季节,植株长至封顶,田间小气候出现温湿度大的时候,此病发生严重的会使整个茄子烂掉,烂茄子有难闻的恶臭味。可用1∶1∶200倍的波尔多液,在发病前和发病初期防治,或用75%百菌清可湿性粉剂500～700倍液防治。

褐纹病:能危害幼苗、植株和果实。高温高湿时易发病,可温汤浸种,用60℃的温水,将种子倒入温水中,边倒边搅拌,到水温降至30℃后停止搅拌,浸种至种子吸足水分为止；或用40％甲醛100倍液浸种15分钟后洗净；或本田实行轮作，选用2～3年未种茄科蔬菜的地块种植茄子；或发病初期用75％百菌清可湿性粉剂500～600倍液，或1∶1∶200倍波尔多液喷治，连续用药3～4次，均有效果。

五、菜豆地膜覆盖栽培技术

菜豆露地栽培产量较低，一般每667米² 产量为1000～1500千克，采用地膜覆盖栽培，能增产1/3左右。

（一）种植方式及播种

我国栽培菜豆，矮生品种多作为春季前茬栽培，收获时间短，或作冬季温室栽培中的间作作物；蔓生菜（架）豆，多在春、秋季作主茬栽培。春季种植矮生菜豆，播前要把种子晒1～2天，在20℃温水中浸种至种皮发皱后，直播于箱式平畦中，播后覆盖地膜、草帘保温，促进生长，抢早上市。

长江以北广大地区，春季以平畦播种，播后覆盖地膜，待种子发芽出土时及时在地膜上开孔放苗出膜。掌握在晚霜期前播种，晚霜期过后出苗为宜，不能盲目早播。密度以行距30～40厘米、穴距20～30厘米为宜，每穴3～5粒种子。蔓生品种，春、秋季多采用小高畦地膜覆盖栽培，1.33米的畦口，盖膜部位宽70～80厘米，播2行，穴距15～20厘米，每穴3～4粒种子，每667米² 种植

第四章 18种蔬菜地膜覆盖栽培技术要点

5 000穴左右。

秋季菜豆播种时,正值高温季节,采用地膜覆盖栽培,一定要先整地、做小高畦、盖地膜,再打孔播种,膜孔的孔径8～10厘米。播后用潮湿疏松的土盖严膜孔,防止热气从膜孔处蹿出而烤苗;在畦间沟内浇水不要淹及畦上膜孔处,防止土壤板结成土饼块影响出苗;不要采取先播种后盖膜、出苗后打孔放苗的做法,因在高温高湿条件下可把种子捂烂,在膜下或放苗出膜不及时而出现烤死幼苗的现象。

近年来不少地区采用育苗移栽法,用此法要特别注意保护根系,因菜豆主根生长快而长,侧根少,根系木质化程度高,再生能力差,且新根发生迟。切坨法育苗易伤根系,而采用营养土方、钵、筒育苗,可大大减少根系损伤。

(二)田间管理

1. **保护好假子叶**　育苗移栽时不要损伤假子叶(单生叶),一旦损伤对幼苗生长不利,这一点有异于其他育苗移栽的蔬菜。

2. **及时插架**　蔓生品种俗称架豆,需要及时插架,以防秧蔓互相缠绕成"编辫","编辫"后再引蔓上架易把秧蔓折断,影响生长、开花、结荚。

3. **水肥管理**　移栽后需连浇2～3次水,促缓苗,然后蹲苗促发根,直至第一批幼荚开始膨大时再浇水、追肥,往后看秧棵长势,确定浇水追肥。全生育期需追肥

2~3次,每次每667米²施硫酸铵15~20千克。

(三)病虫害防治

主要虫害有:蚜虫、红蜘蛛、茶黄螨。要及时防治,否则豆叶失绿,妨碍增产。防治方法同常规方法。主要病害有:锈病、叶烧病、根腐病、豆荚炭疽病。锈病用75%百菌清可湿性粉剂600~800倍液,或80%代森锌可湿性粉剂500倍液防治;叶烧病用80%代森锌可湿性粉剂600倍液,或72%硫酸链霉素可溶性粉剂3 000~4 000倍液,或硫酸链霉素·土霉素可湿性粉剂4 000倍液喷治;根腐病要选用抗病品种,如丰收1号等,应采用本田轮作、避免大水漫灌、防止涝灾等措施。也可用50%多菌灵可湿性粉剂或甲基硫菌灵拌细土,将药土撒入播种穴内,每667米²用药1 250克,拌土25千克,生长期发病用前述药剂500倍液灌根,均有防治效果。

六、西葫芦地膜覆盖栽培技术

西葫芦即美洲南瓜。我国南北方都广泛栽培,是初夏的主要蔬菜之一。没有地膜覆盖栽培前因产量低,种植面积小,采用地膜覆盖栽培后,不但早熟,而且增产幅度大。据北京地区调查,早期产量增加79.1%,后期产量增加19.9%,全期平均增产43.6%。黑龙江省高寒地带的伊春市增产更多,达61.3%~83.6%。

另外,由于已选育出比较耐寒的品种供大面积生产中应用,现已广泛发展成冬、春季保护地栽培和市场供应的主要品种之一,并且由过去采收老瓜(有硬籽、皮已发黄、单个重0.25千克以上)的习惯改为采收嫩瓜,其单位面积增收的产量和经济效益都相当可观,全国各地的种植面积也越来越大,几乎可以实现周年均衡供应市场了。

(一)品种选择

农家品种有白皮一窝猴、站秧叶儿三(包括白皮、花皮、青皮3种类型),引进品种有阿尔及利亚花叶西葫芦。地膜覆盖栽培宜选用植株茎蔓短、节间密、瓜码多、侧枝少的品种,以便争取早熟。其中阿尔及利亚花叶西葫芦更具早熟、丰产的特性。

(二)育苗与定植

西葫芦栽培管理得当时,每667米^{2}产量可达5000千克以上。天津市杨柳青农场、黑龙江省伊春市郊区,使用地膜覆盖栽培,每667米^{2}产量分别达到8125千克和8625千克。

西葫芦根系受伤后不易恢复,用营养土方、钵育苗较好。幼苗期温度管理对雌花着生节位高低有直接影响,出苗后白天控温在20℃~25℃,夜间8℃~10℃,使平均温度不超过15℃,有利于第一雌花节位下移,苗粗壮,抗逆力强。若平均温度超过15℃,则雌花节位升高,苗嫩而弱,抗逆力差,且迟熟。地膜覆盖栽培西葫芦,秧棵茂盛,容易出现荫蔽与徒长,所以定植密度要比露地栽培稀,以行距67厘米、株距50厘米、每667米^{2}栽1800~2000株为宜。沟畦栽种地膜覆盖栽培时,沟畦要做得浅些,以不冻苗为度,防止生育后期过于荫蔽。

(三)田间管理

西葫芦栽培要控制浇水,大水大肥易引起疯秧徒长。所以,不显旱时不浇水,苗不显黄不追肥。

早春定植的西葫芦,为提高坐果率,在开花后可进行人工辅助授粉,授粉时间要在早晨6时以前进行,8时以后再授粉会随时间推迟坐果率下降,中午以后授粉几乎不受精,坐果率极低。人工辅助授粉,即是摘取开放了的雄花,掰掉花冠,把雄蕊上的花粉涂抹在雌蕊的柱头上即可。

(四)病虫害防治

西葫芦的主要害虫是蚜虫,它是传播病毒病的媒介。可用乐果、溴氰菊酯、抗蚜威、马拉硫磷等防治。

病害主要是病毒病、白粉病。病毒病的防治只能在彻底治蚜的基础上,减少病毒毒源传播。管理上做到不旱不浇,又要防止过于干旱和缺肥,也要防止大水漫灌,因湿度大易诱发白粉病大发生。白粉病可选用50%甲基硫菌灵可湿性粉剂600倍液,或多菌灵1 000倍液,或75%百菌清可湿性粉剂500倍液防治。各种药液轮流使用可提高防治效果。

七、冬瓜地膜覆盖栽培技术

冬瓜的抗寒性较差,耐热性较强,北方常用作春季栽培,6～7月份收获,贮存后作为八九月份淡季的蔬菜上市,幼嫩冬瓜只有少量供应市场。冬瓜采用地膜覆盖栽培约增产40%左右,由于生产和贮存技术的提高,现在的市场几乎全年都有冬瓜供销售。

(一)品种选择

目前使用品种中,早熟品种有一串铃冬瓜,其个头较小,早熟;中熟品种有车头冬瓜、柿饼冬瓜、菊花青冬瓜。其中,车头冬瓜个儿大,单瓜重可达15～25千克,易获高产,耐贮存,栽培面积较大。

(二)育　苗

1. **种子处理**　冬瓜的种子皮厚,不易发芽,要浸种催芽。播种前将种子晾晒1天后用凉水浸泡一段时间,搓洗干净胶黏物(果胶质)后捞出,再将种子徐徐倒入60℃～70℃的温水中,边倒种子边搅拌,降温至30℃时停止搅拌,再浸种1昼夜,捞出控干,放在25℃～30℃处催芽,保持种子湿润,经6～8天可出芽。

2. **育苗方式**　早熟品种,北京地区一般是3月上中旬于加温中棚内育苗,中熟品种在3月中下旬于阳畦内育苗。阳畦要在入冬前打好,夹好风障,把畦土翻到靠北帮处进行晾晒,至播种前15～20天,将晾晒的土,分2～3次分层放下,每标准畦施入过筛土杂肥75～100千克,与畦土混合均匀,搂平、踩实。待到播种前4～5天扣上薄膜保温。

3. **播种**　播前1天浇透畦水(深约7厘米),让畦洇

七、冬瓜地膜覆盖栽培技术

透。水渗后撒一层过筛细土，翌日晴天上午按7～8厘米见方划线，于交叉点处播入2粒种子，播后覆盖过筛细土1.5～2厘米厚，全畦播完后，在畦面再撒0.5厘米厚过筛细土，然后盖膜保湿、保温。

4. 苗期管理　播种后5～6天不放风换气，畦土靠阳光增温，要尽可能多晒太阳，蒲席要晚揭早盖，保温促出苗。若天气适宜，7天可出苗。当幼苗弯弓出土时，选晴天中午撒1次过筛细土，防止戴帽（种皮）出土。待80%的苗出土后，开始放风并逐渐加大放风量，齐苗和子叶发足时，再各撒1次过筛细土，以弥合裂缝及保墒。播后约30天，幼苗长到2叶1心时，可撤除薄膜，只盖蒲席，要早揭晚盖，保持温度低些。定植前7～10天进行低温炼苗，蒲席由半盖逐渐过渡到不盖。定植前3～4天浇透苗畦水，然后切坨，苗坨按苗大小分开码放在畦内，蹲苗3～4天即可定植。苗龄为40～45天，4～5片真叶。

（三）定　植

1. 定植前准备　土地要尽量多施有机肥；夹好风障；冬瓜怕涝，应做小高畦，以减少烂瓜。

2. 定植时间　在北京地区，沟畦栽种地膜覆盖于4月中旬前后定植，小高畦地膜覆盖栽培于4月下旬至5月初定植。

3. 定植密度　早熟品种一串铃，行距50厘米，株距28～33厘米，每667米^{2}栽4 000～4 500株。柿饼冬瓜和车头冬瓜，行距67～83厘米，株距42～50厘米，每667

米^{2}栽2 000～2 300株。

(四)田间管理

1. 水肥管理　结瓜前少浇水,以促发根为主攻目标。在定植时最好浇粪稀水(性暖、养分全面),7～10天浇1次缓苗水。压条、定瓜、果实膨大及瓜"挂霜"时必须浇水,全生育期浇水6～7次,追肥2～3次,随水追施,切忌大水漫灌。要经常保持土表疏松干燥(露地栽培时),雨季注意排水防涝。

2. 打杈压蔓　瓜秧长至6～7叶时,把生长点引向北方,长至67厘米左右时开始用土埋压瓜蔓,把地膜划破压埋2～3个叶节,深5～8厘米,叶片不要埋入土中,埋成半圆形,以抑制瓜秧生长,促发不定根。结合压蔓把杈子和卷须摘除掉。中熟品种要压蔓2次,以后引蔓上架,捆绑好。如土壤干燥,压蔓后可浇1次水。

3. 插架绑蔓　一串铃冬瓜可扦插独杆架(一秧一杆);柿饼冬瓜及车头冬瓜,插1米高左右的三角架(捆架嘴式)。待压蔓后随瓜秧生长,逐渐引蔓上架,前后绑蔓3～5次。

4. 去尖定瓜　早熟品种一串铃在18片叶左右去尖,结合整枝打杈在9～13节之间留2个雌花,待幼瓜长至拳头大小时,选留1个长得周正、无病虫害、无损伤的瓜。柿饼冬瓜和车头冬瓜均长至25～30片叶时去尖,在15～19节处留2个雌花,当幼瓜长至小饭碗大小时,选留1个好瓜至成熟。

(五)病虫害防治

栽培冬瓜,苗期至生长前期要注意防治蚜虫,避免过于干旱诱发病毒病大发生;中、后期正值高温、多雨季节,主要防治疫病(用波尔多液等农药)和茶黄螨(用敌杀螨效果好)。

八、结球甘蓝地膜覆盖栽培技术

结球甘蓝(洋白菜)采用地膜覆盖栽培,增产效果十分显著,并能提早上市。前期增产达127%,效益特别突出。

(一)品种选择

结球甘蓝品种丰富,有早熟、中熟、晚熟品种配套,春、秋季均有栽培,已成为全年均衡供应市场的重要蔬菜之一。京郊多选用杂交一代种。春季栽培早熟品种,生育期120～130天,定植后50天左右采收,如报春(北早×金早)、北早×迎春、迎春、狄特409×迎春、701×金早生,近年来多使用中甘11号。中熟品种,生育期130～135天,定植55天后收获,如金84×迎春、金84×金早、金84×北早、金早×小黑等。晚熟品种,生育期150～155天,定植后65～75天收获,如京丰1号(黄苗×小黑)、庆丰(小黑×金84)等。秋播甘蓝,主要有抗热、抗病、耐肥、丰产的秋丰、晚丰等。

(二)育　苗

春季育苗,可采用风障阳畦、改良阳畦、塑料棚育苗。

第四章　18种蔬菜地膜覆盖栽培技术要点

风障阳畦育苗参考冬瓜的阳畦育苗部分。适宜苗龄90～100天。早熟、早中熟品种12月份播种,中熟品种1月上中旬播种,本田每667米^{2}用种量30～50克。

种子用温水浸4～5小时,在25℃～28℃处催芽至露白时播种。播种畦先浇足底水,水渗入后撒0.5厘米厚过筛细土,播种后覆土盖严种子,并覆盖好薄膜保湿、保温。阳畦育苗播种后加盖双层蒲席,当幼苗出土时要撒1次细土,减少带壳出苗和子叶不能伸展的苗数,苗出齐后再覆细土1次。当子叶充分展开和第一片真叶开展时,分次间苗,幼苗2叶1心时分苗,保持营养面积6.7～8.5厘米见方。分苗成活后要中耕松土,以利于增温保墒。

温度管理。尽量多晒太阳,播后白天保持20℃～25℃,夜间10℃～15℃,4～7天后开始通风换气。齐苗后白天保持15℃～18℃,夜间7℃～10℃。2月中旬后逐渐加大放风炼苗,防止徒长,尤其是夜温不要太高,可逐渐降至1℃～2℃,以增强幼苗抗逆力。苗高20厘米左右、7～8片真叶时定植,若超过9片开展叶,反而会影响产量。

(三) 定　植

北京地区,沟畦栽种地膜覆盖栽培,早熟品种于3月上中旬定植。密度为行距40厘米、株距33厘米,每667米^{2}栽5 000～5 200株。采用小高畦、平畦地膜覆盖栽培,有风障的在3月中下旬定植。中熟品种在3月下旬至4月初定植,密度为行距40厘米、株距37厘米,每667米^{2}栽4 000～4 200株。京丰1号行株距53厘米×47厘米,

八、结球甘蓝地膜覆盖栽培技术

每667米²栽2 400～2 500株;庆丰行株距50厘米×37～40厘米,每667米²栽3 000～3 500株。用小高畦、平畦地膜覆盖栽培,可先盖膜后打孔定植;也可先栽苗后盖膜,打孔把苗引出膜外。不论哪一种盖膜方法,膜的四周一定要抻紧、压实,栽苗膜孔用土埋严,防止膜下热气从膜孔处逸出而烤伤幼苗。

沟畦栽种地膜覆盖栽培,比小高畦、平畦地膜覆盖栽培早10～15天定植。畦东西向,按1米宽放线,沿线向两边翻土,边翻边踩埂,做成高20～25厘米、底宽33厘米的马槽形栽培沟。沟内施足优质基肥,并扦沟使肥土掺匀、搂平,最后栽苗、浇水。栽完后按南北方向跨畦盖膜,全田覆盖由东向西顺序,后幅压前幅,接边重叠10厘米左右。畦埂上用土把膜压牢,防止大风把膜掀起、刮跑、撕破。沟畦还可把畦埂做成一大一小,即2米宽范围,做成一大畦埂高20厘米,一小畦埂高33厘米的畦式(详见第二章图2-4)。盖膜时利用小畦埂高可盖成屋脊状,膜上不积雨水和雪。适合于早春栽培,可早植、早发、早熟,提高经济效益。

(四)田间管理

为了防除杂草,地膜覆盖栽培(除沟畦式外),在定植前用48%氟乐灵乳油125克,对水60升,喷畦面后与表土稍做混合,再盖地膜,除草效果很好,可普及应用。定植水应使用粪稀水;莲座期开始浇水追肥,也可在畦沟内开沟追肥;包心开始后要肥水齐攻,可每667米²施碳酸氢铵20~25千克,以后看天看苗隔5天左右浇1次水,结合浇水追施1~2次肥。4月中旬防治1次蚜虫,中熟品种6月初防治1~2次菜青虫。

秋甘蓝定植期为7月下旬至8月上旬,正值高温伏天,要边定植边浇水,并连浇2~3水促缓苗,浇水后待地表干爽时进行浅锄地保墒,缓苗后再盖地膜,也能取得良好效果。以后每隔5~7天浇1次水,发棵后结合浇水追施1~2次化肥,促外叶生长。莲座期要适当蹲苗,控制外叶生长过旺和徒长,促进球叶分化。包心开始后肥水齐攻,每667米^{2}追施硫酸铵20千克,结球中、后期再追施1~2次化肥,7天左右浇1次水。除防治蚜虫、菜青虫外,还要防治黑腐病。包心初期结合治病虫,每667米^{2}喷施钼酸铵20克,连喷3次,增产效果良好。也可喷叶面肥,如北京盛世丰源生物科技有限公司生产的"生物活性蛋白酶"叶面肥。

九、花椰菜地膜覆盖栽培技术

花椰菜采用地膜覆盖栽培,春季增产较为显著,平均每667米^{2}增产455千克以上,尤其沟畦栽种地膜覆盖栽培花椰菜,近年来栽培面积发展较快。秋季地膜覆盖栽培花椰菜,增产不明显,可能与花椰菜性喜冷凉有关,但有利于保水、保肥和减少病虫害的发生。

(一)品种选择

目前春栽用种主要是瑞士雪球、耶尔福和少量法国花椰菜,秋栽品种主要是荷兰雪球。近几年发展了不少

九、花椰菜地膜覆盖栽培技术

新品种,如白丰(天津农科院选育)、福建60天、福建80天、福建90天和国外引进的一些高产品种等都在不断扩大种植面积。

(二)育苗

花椰菜种子发芽适温为15℃～18℃,方法参照甘蓝春季育苗。由于花椰菜和甘蓝一样均较耐冷凉的天气,炼苗好的在经受短期低温或霜冻危害后,外叶有可能出现干枯,但还不至于冻死幼苗,只是应尽力防止这种天气的出现,以防伤苗后推迟生育进程。

(三)定植

北京地区,春季沟畦栽种地膜覆盖栽培,3月10日前后定植;平畦、小高畦地膜覆盖栽培,3月下旬定植。底墒足的地块,宜先盖膜、后打孔栽苗,底墒不好的地块,宜先定植,在定植沟内浇足水,过2～3天后把栽苗沟封好,整成小高畦,再覆盖地膜。

密度:耶尔福品种株型较小,适于密植,行株距53厘米×33厘米,每667米² 栽3 600株左右;法国花椰菜宜57厘米×37厘米,每667米² 栽3 200～3 400株;瑞士雪球是株型高大品种,可60厘米×37厘米,每667米² 栽3 000株左右。

(四)田间管理

花椰菜比甘蓝类需肥量大,且要多施磷肥。春季栽培,定植和前期的肥水,最好浇粪稀水,浇肥水后中耕松土,盖地膜的扦畦间沟,促使营养体充分生长。待花球长至直径 3.3～6.7 厘米时,肥水一齐猛攻,每 667 米² 施碳酸氢铵 20～25 千克,以后每隔 5～7 天浇水 1 次,随水追施 2～3 次肥。花球长至 3.3 厘米大小时,可将中部一叶片折回中心,盖住花球,防止因暴晒、污染而使花球发黄,降低商品的质量。

十、莴笋地膜覆盖栽培技术

莴笋又叫生笋,采用地膜覆盖栽培时,能促进早收、增产,效益高,是北方早熟蔬菜之一。北京 5 月份就能大量上市。近几年来,京、津等地开展秋季栽培,面积扩大很快。

(一)品种选择

春季栽培,要选早熟和中晚熟品种搭配,避免上市太集中,秋季栽培要选不易抽薹、条大、产量高的品种。莴笋按叶型分圆叶、尖叶 2 类。圆叶型的有北京农家品种鲫瓜笋,早熟,抗寒力强,笋茎似鲫鱼形,定植 50 天左右收获;尖叶型的有农家品种柳叶笋、紫叶笋,笋茎长、大,产量高,抗寒性较差,定植后 60 天左右收获。还有如石家庄的白笋,茎粗、产量高,且早熟;南京白皮、上海大圆叶、重庆红笋、贵州双尖笋等,都能适应地膜覆盖栽培。秋栽要选尖叶型品种。

(二)育　苗

莴笋属半耐寒性蔬菜,种子在 5℃～25℃ 下能正常发

十、莴笋地膜覆盖栽培技术

芽,用隔年陈籽出苗快而整齐,当年产的新种子口紧,出苗慢而不齐。南方于9月下旬至10月露地育苗,11月前后定植,幼株在地里越冬,翌年早春3~4月份收获。北京、天津等华北地区,春、秋都有栽培。春栽的于9~10月份播种,11月底至12月初分苗,幼苗在苗床内越冬,翌年3月中下旬定植,沟畦栽种地膜覆盖栽培,3月上旬定植,4月下旬至5月初开始收获。秋季栽培的播种期为7月底至8月初,8月底至9月初定植,全生育期80~90天,10月下旬至11月上旬收获。贮存延后上市的秋栽莴笋,在8月上旬育苗,9月上旬定植,立冬前后整株拔下,不捋叶、少去土,整株贮存,上市时去掉老叶、黄叶,去泥,削根,增收效益明显。

春栽莴笋阳畦育苗,参看甘蓝育苗。种子用25℃~30℃温水浸种15~20小时,在25℃条件下催芽24小时,种子露白时播种。育苗畦浇足底水,水渗完后播种,播后盖过筛细土0.7~1厘米厚,每标准畦(11米^2)播100克种子。秋季栽培的育苗方法,此时的北京地区正值高温、多雨季节,在露地育苗的都要搭建凉棚进行遮荫育苗,于育苗畦内播种完毕后,在畦上面搭建高50~80厘米、宽度超过畦面宽10厘米(畦四边均是)、且要北高南低的斜面凉棚架,覆盖物用苇子或细竹竿,以防雨水直接砸在育苗畦上,影响出苗。凉水浸种3~4小时,用干净湿布包好,挂在水井里离水面16厘米左右处催芽,没有水井的地方,要放在阴凉处催芽,每天用凉水冲洗3~4次,4~5

第四章 18种蔬菜地膜覆盖栽培技术要点

天种子露白时播种。要在下午阴凉时播种,每标准畦播种量35～40克,待齐苗后分次(层)撤除覆盖物,让阳光漫射(晒)育苗畦,到幼苗长至一或二叶一心不怕下雨直砸时,再撤除掉全部覆盖物和拆除凉棚架,让小苗直晒阳光培育健壮的菜苗供栽种。

苗期管理。春栽育苗在种子开始拱土出苗时,撒1次细土,厚0.7～1厘米,幼苗生长适温11℃～18℃。北京、天津等北方广大地区秋季育苗时,冬前气温适合幼苗生长,但要注意随气温变化采取相应的增温措施保护幼苗。当外界温度下降到4℃～5℃时,苗畦在夜间要加盖蒲席保温。11月下旬至12月上旬,幼苗长到5叶左右进行分苗,行株距6.7厘米见方,分苗浇水后盖好薄膜,夜间盖蒲席保暖促缓苗,冬天苗床温度不低于5℃可正常生长。定植前10天降温炼苗,至1周时浇粪稀水后起苗、囤苗。秋季栽培的莴笋,苗期注意保持土壤湿润,不要过湿,以防徒长,2片真叶时间苗,6～7厘米间距单株留苗,间苗后浇水1次,往后再浇水1～2次,苗龄25～30天,至4～5片真叶时起苗定植。

(三)定 植

春栽莴笋定植期,地膜覆盖栽培并有风障的3月中旬定植;露地的3月下旬定植;阳畦的可提前到3月上旬定植。秋栽莴笋于8月底至9月上旬定植。早熟的鲫瓜笋类型,秧棵较小,适于密植,行株距27厘米见方,每667米^{2}栽苗9 000株左右;尖叶笋类型,秋栽的行株距为33

厘米×30厘米，每667米² 栽6 500株左右。

(四)田间管理

春季栽培定植时用粪稀水，过1周浇缓苗水。秋季栽培定植时不能用粪稀水，过4~5天浇缓苗水，蹲苗至笋茎开始膨大时再浇水追肥。全生育期追肥3次左右，每次每667米²施硫酸铵以10~15千克为宜。注意田间不要过干或过湿。秋栽莴笋如出现开花株(出花蕾)，当花蕊刚出现时用50毫克/千克防落素(对氯苯氧乙酸)蘸花蕊，可延迟或抑制开花，有利于笋茎的长大，提高商品性。否则，植株开花，消耗养分，笋茎变细长，降低商品质量。

十一、油菜地膜覆盖栽培技术

油菜属速生蔬菜，近30多年来北京、天津等广大的北方地区已大量种植，早已成为市场全年均衡供应并十分畅销的品种之一。油菜耐寒性强，可直播也可育苗移栽，能作大棚前茬栽培，也能露地栽培，只要不开花抽薹，大小都能收获上市，对灵活利用土地和调节上市时间是极好的品种之一，占地时间短，经济效益却很高。

春季栽培油菜，应选用早熟、抗寒性强的品种，如上海五月蔓等。用作大棚前茬时，应在11月中下旬育苗，翌年2月中下旬栽植，采用平畦地膜覆盖栽培，3月中下旬最迟到4月初上市，腾茬后及时整地栽种黄瓜、番茄。早春风障茬口的油菜，于入冬前先夹好风障，翌年春天土地刚开始化冻,就要进行浅耕、整地、做畦、浇足底水,然后顶凌播种,播后采用短期近地面地膜覆盖栽培,即畦内隔 0.5～1 米插一拱状竹竿,上盖地膜,成为矮拱棚式。也可在温室、中棚内先育好苗,约 10 厘米高时顶凌栽种,再覆盖矮拱棚,栽后 40 天左右可收获。春季如大面积露地移栽,在没有风障的情况下,覆盖旧薄膜,也能促进增温、早缓苗、增产和早收获。

田间管理比较简单,要求栽后不能缺水,随浇水追 1～3 次肥,秧棵长至 20 厘米左右,可随时收获供应市场。

注意 3 个问题:一是地膜不能下贴地面,因遇雨、雪会压膜紧贴地面影响出苗(直播的)和栽棵苗无法生长。二是注意通风,食用油菜要求有肥大的叶柄和叶片,盖膜后生长快而质差量轻。出苗或缓苗后适当放风,使其生长速度慢些,易获高产、优质油菜。三是要分次间苗,直播的油菜出苗后真叶开展时开始分次间苗,行株距可逐次增大,最后株距留 10～17 厘米即可。

病虫害要抓好蚜虫的防治,其他病虫害很少严重发生。

十二、大白菜地膜覆盖栽培技术

大白菜在北方地区是冬、春季节的主要蔬菜,种植面积很大。由于播种期正值高温、多雨之际,病虫害多,往往不容易获得丰产。采用地膜覆盖栽培后表现出苗全、苗齐、苗壮、病害少而轻,包心好。据山西省太原市调查,

十二、大白菜地膜覆盖栽培技术

普遍增产30%左右,高的达92.2%。原来该市大白菜因三大病害严重,年年歉收,每年需从外地调进大量大白菜,以保证供应。发展地膜覆盖栽培后,实现了自给有余。

(一)品种选择

大白菜的品种很多,由于各地种植和人们的食用习惯不同,可因地制宜选用。如太原市主要选用二包头品种,天津市多选用青麻叶品种,北京地区早熟栽培多选用翻心黄和杂种一代小杂系统,窖贮菜多选用北京106、绿宝、新1号等。

(二)整地做畦

大白菜采用地膜覆盖栽培,一定要在坚持施足基肥、浇足底水的前提下,翻耕土地,起垄做畦,或者遮荫育苗移栽。60~67厘米为一垄,垄底宽33~40厘米、高10~13厘米,垄顶面宽20厘米,垄顶土要细碎。按畦盖好地膜。有的地区为了更好地保全苗,采用先整地做畦(起垄),划沟条播,待到定苗后再盖地膜。

(三)播 种

大白菜性喜凉,播种时(北京、天津地区为8月初)正值高温、多雨之际,盖地膜后地表温度可增加4℃~6℃,更不利于幼苗生长。为了克服这一高温障碍,需采取相应措施:浇足底水;播种膜孔径要达8~10厘米;播种后用疏松土把种子连同膜孔盖严;浇水不要淹到播种孔;膜上要涂些泥浆。在保证每667米^2 1800~2300穴前提下,大型品种稀些，小型品种密些。每穴播种子4～6粒，盖土1～1.5厘米厚，不宜太厚。还可采取遮荫或露地育苗，苗龄25～30天时移栽，苗坨与畦面取平即可，栽苗处的膜孔也要用土盖严。

（四）田间管理

不论哪种栽培方式，播种后天气晴朗时，要大力推广"三水齐苗，五水定棵"的管理方法。地膜覆盖栽培的管理重点是防高温，力争保全苗，以水降温保出苗，浇水应在早、晚或夜间进行。如浇水淹没播种孔而使盖膜孔的土形成硬块（土饼块）时，要及时在出苗前把硬块拍碎，或再次浇湿，以保证出苗。2叶期和4叶期各间1次苗，6叶期及时定苗。移栽缓苗或直播定苗后，均要适当蹲苗，以促使根系发展。蹲苗时间长短要据苗情、天气而定，高温、干旱和苗不壮的地块要时间短；雨水调和、苗发得快的，时间可长些。总是下雨，则无法蹲苗。

管理措施值得注意的一个问题是，大白菜干烧心病越来越严重，危害不断扩大，经有关部门鉴定，是缺钙引起的一种生理性病害。主要是施用氮素化肥过量。有人做过试验，在结球期向心叶喷施0.7%氯化钙水溶液，加50毫克/升萘乙酸溶液，连续喷施5次，防治效果可达80%以上，各地可推广试用。也可喷施含钙元素的微量元素叶面肥和喷施优质叶面肥，如北京盛世丰源生物科技有限公司生产并在全国推广的"生物活性蛋白酶"叶面肥。能有利于促进大面积生产的增产和大大减少各种病害的发生和发展。

十三、水萝卜地膜覆盖栽培技术

小水萝卜属速生蔬菜之一,是北方春淡季的应时蔬菜。小水萝卜采用短期近地面地膜覆盖栽培,能促进早熟、高产,效益明显,可提前7~10天收获,增产40%。

品种选择上可选适合本地种植的品种,如北京绝大部分选用五英子小水萝卜。

先盖膜、后打穴点播,费工时多,但效果很好。目前,北方地区普遍采用常规方法,在冬天夹好风障的地块里,于翌年土地开始化冻而未化透前,整地做成平畦,顶凌撒籽播种,或开沟条播,行距20厘米。播后扦插竹竿做拱架,然后盖好薄膜。出苗后要逐渐加大通风量,先从畦的两端揭起薄膜通风,接着从畦南侧掀起薄膜通风,进而全部撤掉薄膜,覆盖时间20~30天。在此期间,出苗后要在晴朗的无风天及时间苗,间苗后重新盖好膜。一定要经过通风炼苗逐渐过渡到撤膜,否则碰到寒流天气,会冻死苗。

幼苗长至"破肚"后,即肉质根开始膨大时,加强肥水管理。水萝卜一般不追肥,为获丰收可浇粪稀水或浇化肥水。

还有的整地做成平畦,按行株距要求打孔穴播,虽费工,但效果甚好;与其他蔬菜间作套种时,可在畦埂盖膜、打孔穴播栽种小水萝卜,既不单占地又能增产、增收。

商品小水萝卜,要保持脆嫩、纤维少。所以要防止抽薹、开花，防止肉质根老化、变糠（水分少）、纤维多，而降低商品价值。

病虫害防治中，要注意防治蚜虫。

十四、芹菜地膜覆盖栽培技术

芹菜在南方以春季露地栽培为主，因其抗寒性较强，栽培管理比较简单，在北方地区已发展成大面积秋、冬季和保护地栽培，质地鲜嫩，成为秋、冬、春季市场供应较多的主要鲜菜品种之一。采用地膜覆盖栽培的芹菜，增产效果非常明显。

（一）品种选择

芹菜的地方品种较多，主要选用抗寒性强、抗病、实心、丰产性优良的品种，如铁秆青、上海大芹、春丰、广州青芹、天津青芹等。从20世纪80年代初期开始，不断引进外国品种进行栽培，国人称为"西芹"为西洋芹菜之意。如美国的品种高优它、文图拉（加州王）、嫩脆、荷兰芹、意大利冬芹和夏芹、佛罗里达芹菜等等。西芹棵大、产量高、纤维少、味较淡，每667米^{2}的产量，一般为3000~4000千克，高产的甚至达到6000千克以上，故其栽培面积逐渐扩大，已经成为我国各地蔬菜市场主要畅销品种之一。

（二）栽培方式

南方多采用春、秋露地地膜覆盖栽培。北京、天津等华北广大地区，几乎各茬口都安排芹菜栽培，如春芹菜、

十四、芹菜地膜覆盖栽培技术

秋芹菜、越冬根茬芹菜,保护地小棚、中棚、大棚芹菜等;只在高温、多雨的夏季因产量低、病害多,不适合芹菜生长,栽培面积极少。这里仅介绍中、小棚芹菜栽培技术。

(三)育 苗

1. 芹菜育苗期 根据上市时间和生产形式而定。北京、天津等地采用中、小棚不加温栽培,于7月上中旬育苗,9月上中旬定植,元旦、春节前上市;7月下旬育苗,9月下旬定植,翌年3月下旬至4月初上市;广州则可在10~12月份播种,翌年1~4月份收获。

2. 种子处理 芹菜种子很小,千粒重仅有0.4~0.5克,发芽适宜温度为20℃~25℃。播种前将种子用清水浸1昼夜,用凉水淘洗3~4次,浸种期间用双手轻轻揉搓种子,去掉表皮,待其吸足水后捞出,用纱布包好,挂在水井内(不浸入水中)等阴凉的地方催芽,每天用凉水洗1~2次,6~10天开始发芽。

3. 育苗场地 选择地势较高、易排灌水的地方建苗床,育苗畦做成中部稍高的畦式,保证下雨、浇水后畦内不存水,每畦两侧设一灌水沟和一排水沟,沟底低于畦面7~10厘米。育苗畦需施足腐熟、过筛的有机肥,保证有足够的养分供给。为防止蚯蚓及地下害虫为害种子和幼苗,播种前每667米^{2}施10~15千克氨水,以驱赶或杀死部分蚯蚓和害虫,减轻为害。

4. 播种 做好育苗畦后,浇足底水,水渗入后撒一层沙性细土,厚度0.7~1厘米,每11米^{2}播种子25~35

第四章　18种蔬菜地膜覆盖栽培技术要点

克。为了撒籽均匀,应在种子里掺些细土,播后再覆盖一层细沙土,以防止地面板结而影响出苗。6～7个畦的秧苗可栽667米^{2}本田。

5. 苗期管理　播种后要覆盖细沙土2～3次,总厚度0.5厘米;在高温季节时育苗要搭1米左右高的凉棚遮荫,可用竹竿、苇子或旧农膜等当覆盖材料,覆盖材料要盖过育苗畦四周约15厘米,平时四边卷起通风,下雨时放下,防止雨水砸、溅苗畦,避免冲动畦内种子而造成出苗稀密不匀。播后要连浇2～3次水,水要慢浇慢渗。出苗后经常保持畦土湿润,一般隔3～4天浇1次小水,高温干旱时应每天早、晚浇水降低地温。苗高约3厘米时,弱苗要追1次化肥,每667米^{2}可追施尿素10～15千克。当苗长至5～7厘米时开始控水防徒长。苗高10～13厘米时撤除凉棚等覆盖物,紧跟一水防萎蔫。2叶期进行第一次间苗,也可进行分苗,单株或双株移栽,3.3厘米见方即可。为防止杂草滋生,可用甲草胺、氟乐灵等除草剂喷洒于播种后的畦面上。避免高温、干旱育苗,温度达25℃时发芽速度大大下降,高于30℃几乎不发芽。苗龄55天,4～6叶,苗高13～17厘米时定植。

如果隔年定植,进行囤苗越冬,囤苗前先准备好阳畦或平畦,用平底铁锹铲苗深5厘米以上,尽量减少伤根,铲起的苗一块挨一块码紧,缝隙用细土弥严,一般5畦苗并囤在3畦为宜。囤好后立即浇1次水,囤苗前期盖草苫防寒,进入严冬后加盖薄膜防风寒,翌年春天天气回暖后,可去掉薄膜只盖蒲席,随气温回升,盖蒲席时间逐渐缩短,至栽植前不盖而进行炼苗。

(四)定 植

定植当天给苗畦浇水,然后铲苗带土移栽,选晴天的下午4时以后栽苗,按13厘米见方栽双株苗,每667米²栽6.6万～7.5万株。为了便于管理,应大小苗分开栽,便于均衡丰产。江南地区雨多,气候潮湿,要采用高畦栽培,北京、天津等华北地区,多采用平畦栽培。地力基础好,水肥管理水平高,用大型品种时,可用13厘米见方单株栽植;一般品种,肥力中等地块,可13厘米见方栽双株或10厘米见方栽单株。在整地做畦后盖好地膜,在膜上扎孔栽苗,然后浇水,水不要淹没心叶,特别是浇粪稀水时更不要淹没心叶,以免引起烂心。

(五)田间管理

采用短期近地面地膜覆盖时,在浇定植水后盖好地膜或旧农膜,四周埋严,以增温保湿,促缓苗、生长,白天把畦两头的薄膜揭起通风,下午3～4时后再盖严,以防烤苗和徒长,当株高长至15厘米左右时加大通风量,经3～5天炼苗后撤除临时覆盖,变成露地栽培形式。

中、小棚保护地栽培时,定植后浇3～4次水,然后蹲苗7～10天。苗高33厘米左右时,加强水肥管理,促使快速生长,要保持土壤湿润,北方地区开始上冻时水要浇足,入冬后少浇水。结合浇水追2次肥,每次每667米²施硫酸铵15千克,或碳酸氢铵20千克,隔10多天追施1

次,用浓粪水也可以。追施碳酸氢铵应注意通风换气,防止氨气熏苗。

温度管理,在北京、天津地区10月中旬前后出现霜冻前应搭好棚架,盖好膜,气温高时要通风,到11月中旬起盖草帘或蒲席,保温促进生长。其生长适温为15℃～20℃,下降到0℃时开始受冻害,25℃以上时不生长,所以要掌握生长适温,达不到生长适温时可以临时加温促生长,到元旦、春节前收获。不需追赶2个节日上市的芹菜,不必采取临时加温措施。一般中、小棚栽培,株高可长到80厘米以上,每667米^{2}产量可达5 000千克左右,高产的达10 000千克。

据研究报道,用赤霉素200毫克/升溶液,于收获前30天和20天各喷1次,或收获前15天用30～50毫克/升溶液连喷2次、100毫克/升溶液于收获前15天喷1次,均有显著增产效果。赤霉素溶液配制时,先用酒精把一定量的赤霉素溶解后倒入定量水中即配成,1升水加赤霉素20、30、100毫克,分别得20毫克/升、30毫克/升、100毫克/升的赤霉素溶液。

(六)病虫害防治

芹菜的主要病虫害有蝼蛄、蚜虫,立枯病、叶斑病。防治蝼蛄用40%辛硫磷乳油,每667米^{2}500毫升随水浇入土中;蚜虫用乐果、阿维菌素或敌杀死等农药防治;苗期立枯病用200毫克/升农用链霉素防治;叶斑病用80%代森锌可湿性粉剂600倍液,或75%百菌清可湿性粉剂

600~800倍液防治。因芹菜苗大小不同,以全田植株均匀喷到药液为准。

十五、菠菜地膜覆盖栽培技术

菠菜在北方地区是长年性的绿叶菜。按不同季节和食用方式分为越冬大根茬菠菜、越冬小根茬菠菜、埋头菠菜、火叶菠菜、汤菠菜、青头菠菜、红头菠菜等。

在长江以北广大地区,主要是春季3~4月份上市的越冬大、小根茬和埋头菠菜,种植面积大、数量多,是春淡季蔬菜主要供应品种之一。北京生产调查证明,用地膜或旧农膜覆盖栽培越冬根茬菠菜,防寒保苗、促早熟,增产效果较好,可大大减少越冬冻害造成的死苗问题,增产30%以上。其做法:入冬后,土地封冻前,即日消夜冻、浇水能渗下时,给菠菜浇1次封冻水。认真用药剂防治蚜虫,以防蚜虫在菠菜地里越冬。选用幅宽适宜的地膜(或旧农膜)直接覆盖于整个畦表面,膜边埋实,防止大风刮跑。华北广大地区,于翌年2月底至3月初,气温回升,土地开始化冻,菠菜表现返青生长时,经几天通风炼苗后即可撤掉地膜,转变为露地栽培。

采用此技术要注意以下3个问题。

一是遇上冬暖天气,盖膜后仍有较长时间不能按正常季节冻地,菠菜继续生长,不能进入休眠时,要打开畦两头的盖膜,通风换气,避免捂烂苗。再补浇1次封冻水,弥补蒸发和生长消耗的水分,防止越冬期土壤缺水造成裂地伤根等。

二是把握好撤膜时机,菠菜性喜冷凉,生长适温17℃～20℃。春天覆膜后温度常超过25℃,易导致菠菜生长速度快,植株长得细高、黄弱,叶柄细长,叶片又小又薄,降低质量和产量。

三是充分利用旧膜,覆盖越冬根茬菠菜后的地膜,只要不是破烂不堪,就可移到早春小菜、露地春播茄果类、瓜类、豆类蔬菜上,用作短期覆盖或做小高畦地膜覆盖栽培用,能节省材料和降低生产成本,挖掘增产潜力。

十六、葱头地膜覆盖栽培技术

在北京地区,露地栽培的葱头每667米^{2}产量只有1 000～1 500千克,地膜覆盖栽培,单产提高1倍以上,普遍为3 000～4 000千克,高者达5 000千克以上。

(一)品种选择

要选用适合当地种植的品种。西安红皮葱头、蓬莱紫皮葱头、熊岳圆葱头、大水桃及荸荠扁葱头等,都是较好的品种。北京地区多选用熊岳圆葱头,贮存时间可长达8个月,并且发芽率低;其次为福建黄皮葱头,抗病,高产;还有大同高桩紫皮葱头,产量高,辛辣味轻,口感偏甜。这些品种地膜覆盖栽培,能充分发挥增产潜力。

(二)育　苗

育好苗是栽培葱头的关键环节。定植时要求苗高

十六、葱头地膜覆盖栽培技术

20~25厘米,3~4片真叶,叶鞘部位的假茎直径6~7毫米,单株苗重4~6克。苗过小则产量低,苗粗大则易抽薹。

育苗地块要肥沃,要使用腐熟有机肥,避免使用未腐熟的生粪,以防蛆害,露地、改良阳畦、温室均可做苗床。

播种期因地而异,北京、天津地区8月下旬至9月上旬播种,西安地区9月中旬播种。苗龄50~90天。每667米^{2}播种量为4~5千克,能栽5 336~6 670米^2(8~10亩)生产田。播后待种子开始拱土出苗和苗高10厘米左右时各浇1次水。苗期结合浇水追肥1~2次,肥量要小些。土壤保持见湿见干、上虚下实。每667米^{2}用敌敌畏或辛硫磷0.5千克随水浇施,以防生蛆为害幼苗。苗床要注意除草,避免草荒欺苗。

苗期温度管理:幼苗出土前,白天保持20℃~26℃,夜间不低于13℃;齐苗后白天保持12℃~20℃,夜间不低于8℃。改良阳畦育苗时,随着幼苗生长逐渐加大通风量以加强炼苗。

越冬期管理:土地上冻前,苗停止生长时,把秧苗刨起进行囤苗越冬,在风障北侧阴凉处按东西走向挖沟,行距7厘米,把苗囤入沟内,埋土厚约7厘米。大雪节气以后覆盖2次土,四周用土封严防冻,或在立冬后做囤苗畦,挖17厘米深的囤苗沟,一层接一层往后码苗,埋土至五杈股处,并轻轻踩实埋土,以防风抽苗,即防止冬季干冷风将叶片的水分抽干以保持鲜嫩,可减少死苗、废苗。上冻前浇水,以保持土壤湿润,提高囤苗成活率。如果不起苗,苗在苗畦里越

第四章　18种蔬菜地膜覆盖栽培技术要点

冬,苗畦北边需夹风障御寒,小雪节气时浇1次封冻水,第二天覆盖马粪和土,保护幼苗安全越冬。

(三)定　植

1. 定植时间　北京、天津地区在3月上旬定植;秋栽时在土地封冻前30天移栽,以利于缓苗并能在越冬前有一段生长时间。

2. 本田准备　需施足优质基肥,每667米² 施腐熟有机肥约5 000千克。做1.67米宽的栽培畦,浇透水,表土干松时用48%氟乐灵乳油150克,对水60～70升,喷洒于畦面。用平耙等农具混拌表土,使药混入1～3厘米表土层中,防止氟乐灵除草剂被光解失效,然后用幅宽1.5～1.6米地膜平铺于畦面,膜边压实。也可做宽50～60厘米、高10～15厘米的高垄,顺垄浇水,然后两垄并成小高畦,选幅宽1.4米的地膜盖好。也可根据地膜幅宽,调整畦的宽窄。

3. 定植方法　定植前起苗,把不合标准的苗挑出去。将大小苗分开,把须根剪至1.5～2厘米长,先栽标准苗,不够时再用小苗。按行距13～16.5厘米、株距10～13厘米,每667米² 栽30 000～35 000株,用带有缺口的棍、竿,叉住须根,在膜上插孔把苗插入约1.5厘米深的土层中,栽深不要超过五杈股处,浇水时苗不漂起即可。

(四)田间管理

秋栽葱头,在土地封冻前浇1次封冻水,然后进入越冬期。北京、天津地区顶凌栽春茬苗。惊蛰至小满是葱头发根、壮秧的有利时期,正处在生长适温 18℃～20℃ 阶段。定植后采取小水勤浇,初春可连续浇 2 次粪稀水,往后每隔 7～10 天浇 1 次水。4 月底前后苗高 23～27 厘米时,蹲苗 10～15 天,往后随温度升高,隔 5～7 天浇 1 次水,至收获前 10 天停止浇水。小满前后正是鳞茎迅速膨大时期,水肥需勤,粪稀或化肥均可。如发现早熟抽薹株,及时将花薹自假茎基部掐掉,以减少养分消耗,促鳞茎膨大。

(五)病虫害防治

整地时每 667 米^2 用 2.5% 敌百虫粉剂 1.5～2 千克,喷粉掺入土层中,以防治根蛆,若生长期发生根蛆为害,用敌百虫或敌敌畏 500 倍液浇灌。葱蓟马,用 40% 乐果乳油 800 倍液,或溴氰菊酯、灭蚜威等喷杀,连续喷药 2～3 次。潜叶蝇幼虫要用 40% 乐果乳油 500 克对煤油 500 毫升,再加 250 升水喷杀,或选用 80% 敌敌畏乳油、80% 敌百虫可溶性粉剂 1 000 倍液防治,每隔 7～10 天防治 1 次,共 2～3 次。紫斑病可喷洒代森铵 1 000 倍液,或 75% 百菌清可湿性粉剂 600 倍液防治。因葱叶布满蜡质而不易附着、渗入药物,故可在药液中加 0.2% 洗衣粉,以增强附着力,提高防治效果。

十七、秋大蒜地膜覆盖栽培技术

大蒜春种为传统栽培,北京等地从 20 世纪 70 年代开始改为秋种大蒜,蒜薹产量高、质量好,蒜头大,效益明显。采用地膜覆盖栽培,蒜薹产量由原来每667米^2 100～150千克增加到200～300千克,蒜头每667米^{2}产量从2 000千克左右提高到2 500～3 000千克。

(一)品种选择

多采用山东章丘市的蒲棵大蒜做秋种和地膜覆盖栽培品种。各地可选用适合当地的栽培品种。

(二)整地施肥

栽培大蒜以施基肥为主。每667米^{2}需施5 000千克以上的农家混合肥,加施50千克过磷酸钙做基肥。适用2年以上没有种植过葱蒜类蔬菜的地块种秋大蒜,即地块不要重茬。翻耕后做成1.67米宽的平畦,每667米^{2}用2.5千克甲萘威粉剂防治地下害虫及蒜蛆。畦平整后喷洒除草剂,可先盖地膜、后栽蒜,也可先栽蒜、后盖地膜。

(三)挑选蒜瓣

种前要挑选蒜瓣。剔除霉烂、僵瓣和过小瓣。有试验报道,做种蒜瓣8～10克的比4～6克的多产蒜头30%以上。

(四)播　种

在北京、天津地区,播种期为9月中下旬。11月下旬土地上冻前,长出4叶1心,株高10～15厘米,此等苗情抗寒性较强,有利于越冬,减少死苗。

播种密度为行株距17厘米×8.5厘米或13厘米×10厘米,每667米^{2}种4.5万～4.8万株,用种蒜200～250千克。

十七、秋大蒜地膜覆盖栽培技术

先播种、后盖地膜时,按行距开沟,深3.3厘米,依株距栽蒜瓣,覆土厚度以不露蒜瓣尖端为宜,然后踩实,选用幅宽1.4米的地膜正好盖1.5米宽(除去埂宽20～27厘米)的畦,膜四周埋入畦埂内;先盖膜、后播种时,按行株距要求在膜上扎孔栽入蒜瓣,至瓣尖不露出膜为止。栽完后立即浇水。

为了不会把畦土踩踏成坑坑洼洼,栽种蒜瓣时最好每人带上一块木板,宽约30厘米,长度要正好放在畦内。栽蒜的人员蹲在木板上操作,防止栽蒜后的地面变得凹凸不平而使浇水量和施肥量不一致,避免蒜苗长得大小参差不齐,促进全田蒜苗均衡生长。

(五)田间管理

先播种、后盖地膜时,出苗后及时对准苗尖处扎膜孔,让苗自然长出膜外。从播种到封冻约经2个多月时间,一般浇水8～10次,墒情好的地酌情少浇,冻水必须浇足,并随冻水每667米^{2}追施碳酸氢铵20～25千克,或浇腐熟的粪稀水。越冬期间为防寒保苗安全度过冬季,从小雪以后要用麦秸或稻草、树叶等作覆盖物。先薄盖,随温度下降分2次加厚覆盖物,最多可覆盖至10厘米厚。立春后天气逐渐回暖,分次撤减覆盖物,到惊蛰时全部撤除。3月中旬前后开始返青生长,浇1次水后蹲苗。蹲苗结束后要经常保持土壤湿润,在"烂母"(种蒜)以后应结合浇水每667米^{2}施碳酸氢铵20～25千克,以后隔1次清水浇1次淡化肥水,直至抽取蒜薹前3～4天停水。抽

第四章 18种蔬菜地膜覆盖栽培技术要点

取蒜薹需选晴天中午蒜棵水分少时进行,并尽量抽取干净。抽薹后的植株逐渐老化,要水肥齐攻,施速效氮肥促蒜头迅速生长。抽取蒜薹后20天停止浇水施肥,再过5天左右植株下部叶片一半变黄色时即可收获。北京、天津地区的收获时间在6月20日前后。

十八、韭菜地膜覆盖栽培技术

韭菜可进行小棚、大棚、露地栽培,可直播留苗,也可育苗移栽。因直播撒籽的苗分散,不便于进行地膜覆盖栽培,直接垄播的也只能在垄间覆盖地膜。唯有育苗移栽便于地膜覆盖栽培。实践表明,撮栽韭菜实行地膜覆盖栽培可比露地栽培提高土壤温度,早收获,有明显的增产作用。

(一)品种选择

各地都有适应性较强的优良品种。如北京地区栽培的马蔺韭、汉中冬韭、钩头韭、铁丝韭,天津的大白根、大黄苗、大青苗,广州的大叶韭,苏杭一带的寒青、马鞭韭、雪韭、霉韭,四川的马蔺韭、西蒲韭等。不少品种具有抗病、丰产、适应性强、优质的特点,配以地膜覆盖栽培,能更好地发挥丰产性能。最近几年引进日本的宽叶韭,育苗移栽、覆盖地膜增产效果十分明显,生产面积发展很快。

十八、韭菜地膜覆盖栽培技术

(二)育 苗

育苗移栽韭菜,育苗地块必须施足基肥,可每667米² 施5 000千克腐熟有机肥,切忌使用生粪,以免招引蛆害。铺肥后翻耕,再搂平地扇,做成宽2米左右的韭畦。采用浸种催芽后播种。为了省工也可直接播种干籽,每667米² 播种量为7.5千克,用对齿开沟器开3.3厘米左右深的播种沟,撒籽于沟内,先用笤帚横扫畦面,再用平耙推平畦面,顺播种沟踩实,浇透水,然后盖好地膜。北京、天津等地区,一般在谷雨前后播种。播后盖膜,经7~8天出苗,出苗后撤膜。播后应喷洒除草剂(浇水后喷药),避免苗、草一齐长。不用除草剂的地块,出苗后要剃1次头(浅蓐除草),否则会引起严重草荒。一般5~7天浇1次水。小苗高10厘米、17厘米时,结合浇水各追1次肥,每667米² 追硫酸铵15千克。第二次追肥后再浇1次水,开始蹲苗。以后注意除草,防雨涝沤根、倒伏或死苗。

(三)定 植

定植韭菜的地块,要选排水良好的壤土或沙壤土,每667米² 施5 000千克以上混合肥,然后翻耕,搂平地扇,做成1.67~2米宽的平畦。定植期为7月中旬至8月上旬(各地有差别)。挖苗前浇1次水,1~2天后起苗,以小鳞茎为准对齐,30~40株苗成一把,剪留1厘米长的须根,并剪去假茎上部(五杈股以上)的叶片,即可成撮栽植。行距33~40厘米,撮距27厘米,每667米² 栽6 500~7 000撮。然后浇水、盖地膜。

第四章　18种蔬菜地膜覆盖栽培技术要点

(四)田间管理

浇定植水后,若水分不足,要浇1次缓苗水,以后蹲苗促长新根,因定植前后为高温多雨季节,要注意防旱、防涝。华北地区8月下旬至10月上旬是适合韭菜生长的季节,要重视肥水管理,用粪稀、化肥交替浇灌追肥,10月中旬后要见湿见干,直至小雪前后,开始冻地时浇足1次封冻水,并随施粪稀水加碳酸氢铵。

用小棚时,在上冻前插好棚架,浇封冻水后覆盖好薄膜(大棚、小棚同样)。严冬时注意保温,大棚四周围草帘,小棚盖草帘。如计划在元旦前后上市,应在中棚(有后墙的)或温室内栽培,11月底到12月初回秧后开始加温,白天保持22℃～25℃,夜间15℃左右。新苗长至13～17厘米时开始通风,要求白天不现露滴,防止露滴落到韭菜叶上引起腐烂,至元旦前后收获上市。每收割1茬后要浇水、追肥1次,以补充养分,隔20～30天可收割1茬,共收割3茬。栽在大棚内的韭菜,第二年春天土地化冻前,搂净干枯叶片,用细沙土封撮(培土)2～3次,以软化叶鞘,促拔茎,这一措施,能使白色部位加长,质量高,受欢迎。小棚栽培的上市时间可比大棚栽培早1个月左右。

韭菜生长适温为12℃～24℃,早春温度低时要保温,以利于生长,10℃以下生长缓慢,棚内温度在中午时要高些,可高达30℃,其他时间要努力控制在生长适温范围内,温度高时虽生长快,但韭菜质量差。

十八、韭菜地膜覆盖栽培技术

水肥管理要注意防涝,以免引起烂苗(假茎和叶),肥料以施基肥为主,收获期不需大量追肥,主要靠鳞茎积累的养分供生长消耗。

(五)养 茬

韭菜移栽后留茬年限多少,取决于养茬的好坏,养好茬可连续多年高产,养不好茬3年后就要重栽。韭菜一般是移栽后第二、第三年的产量最高。移栽当年不收割,第二年只许收割3刀转入养茬,因连续收割3刀后养分消耗很大,长势变弱,若再收割,以后不可能再得丰产,所以必须养茬。可清出封撮土,揭开地膜,在两垄中间挖5～7厘米深的沟(切断部分老化根,促发新根),顺沟施入有机肥,或每667米^{2}施25～30千克碳酸氢铵,或15～20千克硫酸铵,然后封沟、踩实、浇水。以后看天、看地浇水,保持土壤湿润,结合浇水再追施2～3次肥,5月中旬以后少浇水,预防疫病和涝害。八九月份出现花薹时要及时抽掉,以减少养分消耗,促鳞茎膨大而贮存更多的养分。

温室、大棚、中棚、小棚、地膜覆盖、露地等各种形式搭配种植韭菜,由元旦前至翌年5月可连续不断有韭菜供应市场,经济效益甚佳。

第五章 地膜覆盖机械的应用

在我国,由于地域广阔,土质多样,气候条件、耕作习惯和生产水平等各不相同,蔬菜生产本身又有茬口多、品种杂、季节性强、生产周期相对较短等特点,给统一研制、批量生产和大面积应用地膜覆盖农机具带来不少困难。目前我国已研制、生产出多种型号的覆盖地膜的农机具,有的多功能覆盖机,能完成旋耕、起垄、做畦、整形、镇压、盖膜、培土、压埋地膜等作业,使机械覆膜的种植面积得到不断发展和扩大。尤其是小高畦地膜覆盖栽培方式、用种子直播的蔬菜栽培,使用得更为广泛。

现简介几种型号地膜覆盖机械,供各地选用时参考。

一、2BF-1型地膜覆盖机

由北京市农业机械化研究所研制。该机与CQY型通用牵引车或工农-12型手扶拖拉机配套使用,单行作业,用幅宽90~105厘米地膜,在畦宽60~80厘米与畦高10~20厘米范围内可调节使用。适用于花生、棉花、蔬菜等作物栽种前覆盖地膜,一次性完成旋耕土地、起土做畦、整形、镇压、铺盖地膜、覆土埋压地膜等作业,每小时理论工作效率为 1 000～1 667 米²(1.5～2.5 亩)。

二、2BF-2 型地膜覆盖机

由北京市农业机械化研究所研制。该机用"铁牛-55"型拖拉机牵引,双行作业,需用幅宽 95～105 厘米地膜,覆膜部位的小高畦宽度、高度均可调节,而且在 4～5 级风天作业,盖膜质量仍良好。理论工作效率为每小时 4 002～5 336 米²(6～8 亩),可一次性完成整地、做畦、整形、铺膜、覆土压埋膜边等作业。适用于棉花、花生、蔬菜等作物栽种前的大面积覆盖地膜,在规模化生产、大面积种植地区或单位更能充分发挥机具效率。地块小,则空跑多、效率低。

三、KDF-1.1 型地膜覆盖机

由辽宁省喀喇沁左翼蒙古自治县农业机械化研究所研究设计、喀左县农机修造三厂生产。该机可与"518-12"型手扶拖拉机、"518-22"型中型拖拉机配套使用,也可以用畜力牵引,适用幅宽 90～110 厘米地膜,单行或双行作业。工作效率机引为每小时 1 667～2 668 米²(2.5～4 亩),畜力牵引为 1 000～1 667 米²(1.5～2.5 亩),小高畦作业畦宽 60～80 厘米,畦高 5～6 厘米。适用于棉花、花生、蔬菜、水稻等作物的小高畦覆盖地膜,可一次性完成

第五章 地膜覆盖机械的应用

做畦、整形、镇压、开沟、打药、铺膜、覆土埋压膜边等作业,并可调节畦的高、宽。采用毛刷防风装置,在风力 4～5 级时作业不影响铺膜质量。

四、3BF-2.4 型地膜覆盖机

由黑龙江省伊春市农机研究所研制。该机具用"东方红-28"或"铁牛-55"型拖拉机牵引,大面积生产每小时可铺膜 6 670～10 672 米^2(10～16 亩)。拱圆形畦面的小高畦,做畦宽 60～70 厘米、畦高 12～18 厘米,还可根据需要调整做畦宽、高。双行作业,可一次性完成做畦、覆盖地膜、压土等作业。主要用于瓜类蔬菜的地膜覆盖。

五、3DE 垄畦两用旋耕地膜覆盖机

由黑龙江省佳木斯市农机所、长青乡农机厂联合研制。该机主要用于瓜、豆类蔬菜的地膜覆盖,用四轮拖拉机配套使用,能一次性完成做畦、整形、铺膜、覆土压埋膜边等多种作业,生产效率为每小时覆膜 2 668 米^2(4 亩)。高畦作业畦宽 100 厘米、畦高 12～15 厘米,垄作为垄距 70 厘米、畦高可根据需要进行调节,单行、双行作业也可根据需要选用。

六、ZGM-2 型畜力铺膜机

由山西省棉花科学研究所研制。该机是一种以畜力

为牵引动力的小型铺膜机具,适用于棉田平作播种覆盖地膜,也可以用于蔬菜等其他作物的铺膜作业。用1~2头畜力牵引,配备3人作业,每小时约能铺盖地膜2 000米^2(3亩)。用幅宽90厘米的地膜,覆盖70厘米宽的平畦,单行作业,操作简便,还可与BMM-3型棉麦播种机配套使用,可一次性完成播种、铺膜作业。

七、3DF-1.4型手动地膜覆盖机

由江苏省南通市农业机械化研究所和无锡市农业机械化研究所共同研制。为半机械化人力简易铺膜机具。该机结构简单,操作灵活方便,2人进行单行作业,每小时用幅宽85~140厘米地膜可覆盖467米^2(7分地),畦的高、宽可根据需要调整,可一次性完成铺膜、压膜、覆土等工序(需先整地做畦),适用于瓜、豆类等作物铺膜用,调节畦宽范围50~100厘米,调节畦高范围12~20厘米。该机由南通市轧钢厂生产供应。

八、IWG4型旋耕机

由福建省龙岩中农机械制造有限公司生产。该机为双轮驱动直接旋耕式机具,最小转向半径≤1米,耕作速度为1.2~5.5千米/小时,耕深100~300毫米。其中,柴油动力整机重108千克,耗油量≤1升/小时,耕宽980毫米;汽油动力整机重84千克,耗油量≤2升/小时,耕宽730毫米。

**金盾版图书,科学实用,
通俗易懂,物美价廉,欢迎选购**

书名	价格	书名	价格
长江流域冬季蔬菜栽培技术	10.00	问答	14.00
蔬菜加工实用技术	10.00	大跨度半地下日光温室建造及配套栽培技术	15.00
商品蔬菜高效生产巧安排	6.50	蔬菜病虫害诊断与防治技术口诀	15.00
蔬菜调控与保鲜实用技术	18.50		
菜田农药安全合理使用150题	8.00	蔬菜生理病害疑症识别与防治	18.00
菜田化学除草技术问答	11.00	蔬菜病虫害农业防治问答	12.00
蔬菜施肥技术问答(修订版)	8.00	环保型商品蔬菜生产技术	16.00
蔬菜配方施肥120题	8.00	蔬菜生产实用新技术(第2版)	34.00
蔬菜科学施肥	9.00		
设施蔬菜施肥技术问答	13.00	蔬菜嫁接栽培实用技术	12.00
名优蔬菜反季节栽培(修订版)	25.00	图说蔬菜嫁接育苗技术	14.00
		蔬菜栽培实用技术	25.00
大棚日光温室稀特菜栽培技术(第2版)	12.00	蔬菜优质高产栽培技术120问	6.00
名优蔬菜四季高效栽培技术	11.00	新编蔬菜优质高产良种	19.00
		现代蔬菜灌溉技术	9.00
蔬菜无土栽培新技术(修订版)	14.00	种菜关键技术121题(第2版)	17.00
无公害蔬菜栽培新技术	13.00	温室种菜难题解答(修订版)	14.00
果蔬昆虫授粉增产技术	11.00		
保护地蔬菜高效栽培模式	9.00	温室种菜技术正误100题	13.00
图说棚室蔬菜种植技术精要丛书·病虫害防治	16.00	日光温室蔬菜生理病害防治200题	9.50
保护地蔬菜病虫害防治	11.50	高效节能日光温室蔬菜规范化栽培技术	12.00
蔬菜病虫害防治	15.00		
蔬菜虫害生物防治	17.00	露地蔬菜高效栽培模式	9.00
无公害蔬菜农药使用指南	19.00	露地蔬菜施肥技术问答	15.00
设施蔬菜病虫害防治技术		露地蔬菜病虫害防治技术	

书名	价格	书名	价格
问答	14.00	芹菜优质高产栽培(第2版)	11.00
两膜一苫拱棚种菜新技术	9.50	大白菜高产栽培(修订版)	6.00
棚室蔬菜病虫害防治(第2版)	7.00	白菜甘蓝类蔬菜制种技术	10.00
南方早春大棚蔬菜高效栽培实用技术	14.00	白菜甘蓝病虫害及防治原色图册	14.00
		怎样提高大白菜种植效益	7.00
塑料棚温室种菜新技术(修订版)	29.00	提高大白菜商品性栽培技术问答	10.00
塑料棚温室蔬菜病虫害防治(第3版)	13.00	白菜甘蓝萝卜类蔬菜病虫害诊断与防治原色图谱	23.00
新编蔬菜病虫害防治手册(第二版)	11.00	鱼腥草高产栽培与利用	8.00
		甘蓝标准化生产技术	9.00
蔬菜病虫害诊断与防治图解口诀	15.00	提高甘蓝商品性栽培技术问答	10.00
图说棚室蔬菜种植技术精要丛书·嫁接育苗	12.00	图说甘蓝高效栽培关键技术	16.00
新编棚室蔬菜病虫害防治	21.00	茼蒿蕹菜无公害高效栽培	8.00
稀特菜制种技术	5.50	红菜薹优质高产栽培技术	9.00
绿叶菜类蔬菜良种引种指导	13.00	根菜类蔬菜周年生产技术	12.00
		根菜类蔬菜良种引种指导	13.00
提高绿叶菜商品性栽培技术问答	11.00	萝卜高产栽培(第二次修订版)	5.50
四季叶菜生产技术160题	8.50	萝卜标准化生产技术	7.00
绿叶菜类蔬菜病虫害诊断与防治原色图谱	20.50	萝卜胡萝卜无公害高效栽培	9.00
绿叶菜病虫害及防治原色图册	16.00	提高萝卜商品性栽培技术问答	10.00
菠菜栽培技术	4.50	马铃薯栽培技术(第二版)	9.50

以上图书由全国各地新华书店经销。凡向本社邮购图书或音像制品,可通过邮局汇款,在汇单"附言"栏填写所购书目,邮购图书均可享受9折优惠。购书30元(按打折后实款计算)以上的免收邮挂费,购书不足30元的按邮局资费标准收取3元挂号费,邮寄费由我社承担。邮购地址:北京市丰台区晓月中路29号,邮政编码:100072,联系人:金友,电话:(010)83210681、83210682、83219215、83219217(传真)。